三江源地区高寒草地退化成因及保护对策研究

赵志平　李俊生　翟俊　关潇　肖能文　汉瑞英　著

中国环境出版集团·北京

图书在版编目（CIP）数据

三江源地区高寒草地退化成因及保护对策研究 / 赵志平等著 .—北京：中国环境出版集团，2018.7
ISBN 978-7-5111-2834-8

Ⅰ . ①三… Ⅱ . ①赵… Ⅲ . ①寒冷地区－退化草地－研究－青海②寒冷地区－草原生态系统－保护－研究－青海 Ⅳ . ① S812.3

中国版本图书馆 CIP 数据核字（2016）第 312838 号

出 版 人　武德凯
策划编辑　王素娟
责任编辑　赵　艳
责任校对　任　丽
封面设计　岳　帅

出版发行　中国环境出版集团（100062 北京市东城区广渠门内大街16号）
网　　址：http://www.cesp.com.cn
电子邮箱：bjgl@cesp.com.cn
联系电话：010-67112765　编辑管理部
010-67162011　生态分社
发行热线：010-67125803 010-67113405（传真）
印　　刷　北京建宏印刷有限公司
经　　销　各地新华书店
版　　次　2018年7月第1版
印　　次　2018年7月第1次印刷
开　　本　787×1092　1/16
印　　张　7.5
字　　数　210千字
定　　价　36.00元

前　言

近几十年来在气候变化和人类活动的影响下，青海三江源地区草地呈现全面退化的态势，高寒草甸退化与高寒草原沙化现象十分普遍。本书基于三江源气候变化和草地实际载畜量变化两个因素，结合气候湿润程度变化、气候生产力模型、遥感植被指数、野外调查，分析近 30 年来三江源高寒草地退化主要驱动因子，并针对三江源高寒草地生态系统保护与综合治理、资源可持续利用、区域可持续发展的理念，核定三江源高寒草地载畜量格局，为该地区高寒草地保护和以草定畜的实现提供科学指导和依据。

高尔基曾说过："在科学上没有平坦的大道，只有不畏劳苦沿着陡峭山路攀登的人，才有希望达到光辉的顶点。"既然选择了远方，便只顾风雨兼程。不管前面是荆棘，还是坦途，我都要义无反顾，奋勇向前。但在前进的过程中，我不是一个人，"一个人的成长，离不开一个团队"，这句话放在这里是再恰当不过的了。人生道路上点滴的进步都离不开导师、亲人、朋友们的帮助和关怀。

感谢我的导师李俊生老师对我的知遇之恩。我就像茫茫大海中随波逐流的小船，随时都有可能消失在天际，是李老师热情地接纳了我，引导我继续从事科学研究工作。感谢我所至爱的家人及亲朋好友，他们不仅是我心灵的港湾，更是我奋斗的精神支柱。衷心感谢帮助过我的所有人！对于人生旅途，我只是到达了一个临时驿站，未来还有很长的探索的路途。相信师恩、亲情、友爱将永远伴随我，继续支持我大步前行！

全书共包括 7 章内容，主要由赵志平撰写、李俊生指导撰写。翟俊、关潇、肖能文、汉瑞英参与了数据分析和辅助撰写工作。

本书参考了国内外大量研究著作和文献以及统计年鉴，在此对参考文献的作者表示感谢！

本书的出版得到了"三江源区退化高寒生态系统恢复技术及示范"项目"高寒草地综合利用关键技术及适应性管理研究与示范"（2016YFC0501904）的资助，以及环保公益性行业科研专项（201209031）“气候变化下我国生物多样性保护优先区脆弱性评估与保护对策研究”的资助，在此一并表示感谢。

由于作者水平有限，书中难免出现疏漏和错误，恳请读者提出宝贵意见，以便我们进一步修订与完善。

作者

2017 年 6 月

目 录

第1章 绪论

1.1 研究现状

随着气候变化、人口增长、环境污染、能源短缺等诸多全球性问题的日益突出，人类活动与陆地生态系统之间相互作用的研究越来越受到重视（刘纪远，2009）。全球气候变化是当今科学界研究的热点，气温和降水是气候系统的两个主要组成成分和研究对象。IPCC（Intergovernmental Panel on Climate Change, 政府间气候变化专门委员会）《第四次综合报告》指出：全球温度普遍升高，最近100年（1906—2005年）的增温趋势为0.74℃（IPCC，2007）。气候变暖及由此引起的干旱化问题应当引起重视（符淙斌等，2008；马柱国等，2007；Piao等，2010）。气候变化对中国的生态系统与生物多样性产生了可以辨识的影响，如温度带北移，物候期提前，林线上升，部分草原产量和质量有所下降，局部湿地面积萎缩，荒漠生态系统脆弱性增加，物种分布改变等（《第二次气候变化国家评估报告》编写委员会，2011）。

青藏高原被称为“世界屋脊”，平均海拔在4 000m以上。由于严酷而独特的高原自然环境，导致该地区生态环境十分脆弱，但同时也是生物多样性最为丰富的地区之一，栖息着许多珍稀物种，如藏羚羊（*Pantholops hodgsoni*）、野牦牛（*Bos mutus*）、藏野驴（*Equus kiang*）、藏原羚（*Procapra picticaudata*）等，已经成为物种和生态系统保护研究的热点区域（赵新全，2005；George，2007）。三江源地区位于青藏高原腹地、青海省南部，是长江、黄河、澜沧江三大河流的发源地，素有“中华水塔”之称。其中黄河、长江、澜沧江地表径流的49%、25%和2%分别来源于此（赵新全，2011）。由于青藏高原独有的热力和动力作用，导致三江源地区是气候变化的敏感区和生态环境的脆弱区，同时也是我国最重要的生态功能区之一。该区域对于维持典型高原生态系统、江河源头和高原湖泊等高原湿地生态系统，以及对藏羚羊、野牦牛、普氏原羚（*Procapra przewalskii*）、马麝（*Moschus sifanicus*）、黑颈鹤（*Grus nigricollis*）、青海湖裸鲤（*Gymnocypris przewalskii*）等特有珍稀物种种群及其栖息地的保护具有重要意义。

1.1.1　三江源地区生态环境变化

近几十年来受全球变暖的影响，三江源地区气候总体上呈现暖干化趋势，再加上不合理的人类活动，由此带来草场退化、土壤沙化、盐渍化和水土流失等一系列生态环境问题（赵新全等，2005；张镱锂等，2006）。

国内学者们对三江源地区气候变化及其对生态环境的影响做了大量的研究。三江源地区气温普遍升高（李林等，2006），近 50 年来年降水量和降水日数呈减少趋势（唐红玉等，2007），干旱化趋势明显（李林等，2004），对植被生长起重要作用的夏季降水量呈明显减少趋势（王根绪等，2001），极端气候事件频发（李林等，2007）。降水量变化与区域地理环境显著相关，潜在蒸散是表征大气蒸发能力的一个度量，因此区域的干湿状况可以用降水量与潜在蒸散比值表征（王菱，2004；吴绍洪等，2005；尹云鹤，2005；Wu，2006；Yin，2008；Zhang，2009；王懿贤，1981；谢贤群，2007）。近 40 年来三江源地区气温升高引起潜在蒸发量增加，再加上降水量减少，从而导致径流量下降（张士锋，2011）。未来三江源地区气候变化的总体趋势是暖干化（许吟隆，2007）。其中 2001—2050 年气温显著增高，极端高温时间发生频次显著增多，极端低温时间显著减少，干燥和暴雨时间发生频次均显著增多（李红梅，2012）。

在此背景下，三江源地区自然生态环境对气候变化响应强烈，冰川退缩（杨建平等，2003，2007）、永久冻土消融加剧（杨建平等，2004），土壤侵蚀强度较大（吴万贞，2009），中等侵蚀程度以上的地区占全区面积的 1/2 以上（陈琼，2010），土地荒漠化、沙化情况严重（王根绪等，2004；郄妍飞等，2008；曾永年等，2007；陈琼，2011；朱宝文，2012），大范围高寒草甸与草原植被发生退化（徐新良等，2008）。

三江源地区土地利用 / 覆被变化中，湿地主要转变为草地，沼泽几乎全部转为草地，河流和河滩地转换频率较高（赵峰，2012），进一步分析显示，河流和河滩湿地变化的主要驱动因子是年均温度、年蒸发量、年均相对湿度和年奶产量，湖泊湿地变化的主要驱动因子是年蒸发量、年均相对湿度、年人口数量和年奶产量，沼泽和全部湿地变化的主要驱动因子是年降水量、年人口数量和年人均收入（陈永富，2012）。三江源地区 1982 年以来植被指数整体呈弱的增加趋势，2004 年以来草地植被变好趋势明显（钱拴，2010）。在 10 年时间尺度上，气候变化是影响三江源地区植被生长的决定性因素，但人类活动可在短期内加快植被变化速率（李辉霞，2011）。王素慧等（2012）研究发现，三江源地区居民点主要分布在 NDVI［归一化植被指数（NDVI）是反映地表植被覆盖状况、生长状况以及生物量的重要参数］（王维，2010；Hua，2008；Han，2006；王蕊，2011；张宏斌，2009）。条件好的区域，NDVI 条件差的区域居民点分布较少；距居民点 2km 范围内，由于人类的放牧活动造成了植被的退化，NDVI 较低。此外，冬虫夏草采挖使草地物种多样性、盖度和地上生物量降低（徐延达，2013）。

2005 年国务院批准了《青海三江源自然保护区生态保护和建设总体规划》。该规划实施以退牧还草、恶化退化草场治理、森林草原防火、草地鼠害治理、水土保持、生态移民等为主要内容的生态环境保护与建设项目，旨在降低人类活动对草地生态系统的影响，恢复已经退化的草地。

1.1.2　三江源地区草地退化状况

草地退化是草地生态系统在其演化过程中结构特征和能流与物质循环等功能过程的恶化（陈佐忠，1990），是由于人为活动或不利自然因素所引起的草地（包括植物及土壤）质量衰退，生产力、经济潜力及服务功能降低，环境变劣以及生物多样性或复杂程度降低，恢复功能减弱或失去恢复功能的过程（李博，1997）。

在三江源地区，赵新全等（2011）基于多年野外观测实验，提出了以下高寒草地野外观测退化分级标准（见表 1-1）。

表 1-1　草地退化分级

退化等级	退化程度	群落种类组成	盖度 /%	凋落物	产草量比例 /%	可食牧草比例 /%	可食牧草高度变化 /cm	鼠类变化	土壤状况	草场质量
1	原生植被				100	70	25			标准
2	轻度退化	种类组成无明显变化，优势种个体数量减少	优势种盖度下降 20	明显减少	50～75	50～70	下降 3～5	相适应种无大变化	无明显变化	下降 1 等
3	中度退化	优势种与次优势种明显更替	优势种盖度下降 20～50	大量消失	30～50	30～50	下降 5～10	顶极群落相适应的鼠种明显更替	土壤硬度增加，轻度侵蚀，有机质降低 30%	下降 1 等
4	重度退化	优势种主要为退化草地指示植物，并伴有大量有毒有害植物	优势种盖度下降 50～90	基本消失	15～30	15～30	下降 10～15	退化草原相适应的鼠种		下降 1 或 2 等
5	极度退化									

据调查，三江源地区的草地已呈现全面退化的趋势，其中中度以上退化草场面

积达 0.12 亿 hm^2，占本区可利用草场面积的 58%。同 20 世纪 50 年代相比，单位面积产草量下降 30% ～ 50%，优质牧草比例下降 20% ～ 30%，有毒有害类杂草增加 70% ～ 80%，草地植被盖度减少 15% ～ 25%，优势牧草高度下降了 30% ～ 50%，其中黄河源头 20 世纪 80—90 年代平均草场退化速率比 70 年代增加了 1 倍以上（赵新全等，2005）。陈国明等（2005）研究发现中度退化草地面积为 $5.7\times10^6hm^2$，占可利用草地面积的 55.4%，其中，“黑土滩”（重度退化草地）面积为 $1.8\times10^6hm^2$，占退化草地面积的 32.1%；王根绪等（2001）研究发现江河源区 6 县（达日、玛多、玛沁、治多、曲麻莱、杂多）草地退化面积占草地总面积的 34.34%，其中重度退化草地面积占退化草地面积的 26.79%，退化草地以及重度退化草地主要发生在达日、玛多、曲麻莱等县，表明黄河源区草地退化比较严重。黄河源区高寒草甸退化与高寒草原沙化现象十分普遍（李林，2006；芦清水，2008，2009）。同时该区草原鼠害猖獗，沼泽和湿地面积减少，生物多样性急剧萎缩（王根绪，2004，2007；杨建平，2005；曾永年，2007；郄妍飞，2008；周华坤，2005a，2005b）。达日县作为三江源地区草地退化最严重的一个县，草地覆盖度下降、沙化和荒漠化是该县草地退化的典型特征（刘林山，2006），从 20 世纪 70 年代中期到 2000 年该县高寒草甸的质量持续下降，发生退化的草地总面积约 42.9 万 hm^2，占全县面积的 29.39%（刘林山，2006）。

草地生态系统作为三江源地区的主体生态系统，对区域水土保持、水源涵养、生物多样性保护等功能的保持具有决定性作用，因此对于草地退化面积、程度的准确而快速的把握，成为认识该区草地退化宏观格局的关键。近年来，学者普遍采用遥感技术手段对三江源地区的草地退化进行了研究（陈全功，1998a，1998b；涂军，1999；钟诚，2003；李辉霞，2003），取得了许多丰硕的成果。刘纪远等（2008）通过卫星遥感资料发现该区草地退化的格局在 20 世纪 70 年代中后期已基本形成，70 年代中后期至 2004 年草地退化过程一直在继续发生，总体上不存在 90 年代至今的草地退化急剧加强现象。同时由于研究范围、方法以及对草地退化等级划分标准的不同，所获得的草地退化结论存在一定的差异。这主要是由于研究工作采用的遥感数据的来源、时相和分辨率不同而造成的。

草地退化对生态系统具有破坏性影响。草毡表层剥蚀是三江源地区高寒草甸退化的主要特征之一。该区退化高寒草甸草毡层具有两种剥蚀动力：一是鼠类的挖掘与冻融交替作用，剥蚀发生时地表草皮处于死亡或半死亡状态；二是水分冲蚀和重力作用，剥蚀时草毡表层牧草生长良好（梁东营，2012）。未退化的矮嵩草草甸比退化草地生长季蒸散量大，而非生长季蒸散量小（李婧梅，2012）。随着高寒草甸退化程度的加剧，莎草科植物的盖度、生物量及重要值都明显降低，杂类草各指标均随着退化程度的加剧而升高，毒草占群落的比例呈显著上升趋势（孙海群，2013）。此外，不仅草地群落组成出现明显变化，地上 / 地下生物量显著下降，而且土壤各理化性质也受到不同程度的影响。人工草地的建植可明显增加地上 / 地下生物量，但短期内对土壤的改良效果并不显著，极度退化草地的土壤恢复将是一个缓慢的过程（伍星，2013）。对三江源地区玛多县鄂邻湖畔北岸和称多县珍秦乡的研究也表明土壤中有机质含量随着退化程度的增加呈下降趋势（张静，2009）。

从宏观上来看，三江源部分地区由于牧场超载而退化严重，同时家畜规模持续增加使得草场保护的目标难以实现（周伟，2006）。许多牧民的草场进入超载过牧—植被退化—水位下降—鼠虫危害—草地退化—草畜矛盾的恶性循环（王海，2010）。三江源地区生态建设工程实施后，各自然保护区的土地覆被转类指数明显增加，生态系统宏观状况好转；保护区内草地生产力皆呈增加趋势，水域面积增加，食物供给能力提高，栖息地生境好转。森林类保护区的森林面积减少趋势得到遏制；湿地类保护区的湿地面积多呈增加趋势；草地类保护区的草地减少趋势缓解，荒漠化明显遏制，草地植被覆盖度有所增加；冰川类保护区多条冰川出现明显退缩导致冰川融水增多，有利于雪线以下草地净初级生产力的增加（邵全琴，2013）。

1.1.3　三江源草地退化驱动力

关于三江源地区草地退化的原因和主要驱动力，目前学术界普遍存在气候变化、人类放牧活动和鼠害三种观点（Zhou，2005）。气候变暖可能会导致物种多样性改变（Klein，2004）。Panario 等（1997）研究南美潘帕斯草原发现该地草原退化经历了三个阶段：牲畜的啃食导致草原硬化，火烧和牲畜超载导致进一步的草地硬化，喜热草类比例的增加。Adler 等（2001）通过对比研究后发现：放牧造成的草地退化空间特征取决于牲畜啃食的格局和草地植被分布格局相对作用的强弱。

国内有学者早在 1998 年就提出退化草地的成因主要是不合理的放牧制度导致草地长期超载以及鼠类危害（马玉寿，1998）；而张镱锂等（2006）认为黄河源地区草地退化有自然因素的影响，但人类活动起主导作用；严作良等（2003）认为季节性过牧等人类活动是造成江河源区近期草地迅速退化的主导因素，从而促使气候、鼠害等自然因子作用加剧。王景升（2010）认为超载过牧是羌塘高原东、中部草地退化的主要原因，中部是草地保护恢复工程的最佳实施区域。周华坤等（2005a）以三江源退化高寒草甸为对象，利用层次分析法，探讨了高寒草地的退化原因，结果表明长期超载过牧和暖干化气候是导致高寒草甸退化的主导因子，其贡献率为 65.99%；伴随草地初始退化出现的鼠虫和毒杂草泛滥危害是加速高寒草甸退化的重要因子，贡献率为 15.03%；人类不合理干扰造成的高寒草甸退化贡献率为 9.64%。曾明明（2008）的研究表明，草地退化的原因主要是自然因素和人为因素的双重作用，影响草地沙化的自然因素主要是温度升高，特别是大于 0℃积温的增加，人为因素主要是超载过牧，温度升高对草地沙化的影响占 34.39%，超载过牧占 65.61%。草地沙化是过牧的累加效应达到一定程度时才出现的，累加超载量每增加 1 万个羊单位会造成 3.14hm^2 草地沙化。在气候变化对草地退化影响研究的方面，汪诗平等（2003）认为，从气候变化对草地退化的影响程度来看，如果该地区 20 世纪 80 年代温度升高和降水增加的有利一面及 90 年代温度升高和降水降低的不利一面处于一种动态平衡的话，则从较短的时期看，气候变化可能对草地退化的影响程度不是很大。因此，草地退化的主要原因是过牧造成的。在总体上，气候变化对草地植被的影响是长期的、缓慢的、大面积的，但如果没有过牧的影响，在短期内很难造成大面积的草地退化。崔庆虎等（2007）的研究也有类似的结论，认为在青藏高原地区短期内气候的变化不会成为草地退化的主导因素。人类活动因素中主要以家畜过度放牧为主，在一定程度上，家畜放牧强度的高低直接决定草地的退化程度。草地退化是多种因素综合作用的结果，不同地区导致草地退化的主要因素不尽相同，导致青藏高原草地退化最主要的因子是过度放牧和植食性小哺乳动物种群爆发。边多等（2008）认为在气候呈暖干化的变化趋势下，高寒地区草地风蚀、水蚀和冻融侵蚀、鼠害虫害等次生自然灾害频繁发生，是导致草地沙化的直接原因。虽然近期内一些地区气候呈暖湿化的趋势，并对草地的退化起了一定的缓解作用，但降水分配不均也对草地退化产生了重要影响。

Fan 等（2009）、樊江文等（2010）认为年际间的气候波动也是造成草地退化的原因之一。较脆弱或在干旱地区的草地的生产力受年际间气候变化的影响相对较大，更容易受年际间气候变化的影响而发生牧草供给矛盾，从而进一步导致草地退化。兰玉蓉（2004）、陈国明（2005）、李穗英等（2007）、李志昆等（2008）均认为在青藏高原特殊的地理气候背景下，经过长期自然演化形成的三江源地区脆弱的草地生态系统，对外界环境条件反应极其敏感，季节性过牧等人类活动是造成该区草地退化的主导因素，从而促使气候、鼠害等自然因子作用加剧。三江源地区的草地退化，是人为因素和自然因素共同作用下人为加速加剧的结果。

草地退化是长期的气候变化与不合理人类放牧活动共同作用的结果（孙鸿烈，2011），国内学者对三江源地区草地退化成因开展研究始于 20 世纪 90 年代末，且多基于 3 ～ 6 年的增温实验和样地放牧强度对比试验，以及利用短期、瞬时遥感资料进行分析，缺乏从宏观方面对草地退化原因的深入研究。

1.1.4 草地生产力估算

草地生态系统是世界陆地生态系统的主体类型，占陆地生态系统总面积的 16.4%，天然草地植被是地球陆地表面最大的绿色植被层，总面积占地球陆地表面积的 41%（世界资源报告，2000）。草地生物量约占全球植被生物量的 36%，是地球上重要的绿色光合物质来源之一（张新时，2000）。20 世纪 80 年代初期，国外就开始利用遥感资料（NOAA/AVHRR）进行草地遥感监测研究（Taylor，1985）。Anderson（1993）估算了科罗拉多州东部的地上生物量。Todd（1998）利用 TM 图像提取的植被指数研究了美国科罗拉多州东部地区的牧草生物量。Weiss 等（2001）利用 AVHRR 获取了 NDVI，然后再将月平均 NDVI 转化成变化系数，从而将植被指数转化为生物量。Gao 等（2004）分析了 1981—2000 年新疆草地的生产力与气候变化之间的关系。Gao 等（2008）研究了在不同放牧强度下，内蒙古地区草地生态系统的地下部分的生产力以及生物量的分配。目前随着全球变暖趋势的加剧，许多发达国家对草地资源的动态及生态环境的变化开始重视（Del Grosso 等，2008；Weng 和 Luo，2008；Chou 等，2008）。

我国现有不同类型草地面积约 4 亿 hm^2，约占我国土地总面积的 40% 以上，是我国陆地最大的生态系统，其面积约为我国耕地面积的 4 倍，森林面积的 3.6 倍（李博，1990）。据估算，2001 年我国的草地生态系统产干草 1.44 亿 t，理论载畜量为 1.08 亿个羊单位。李刚等（2007）估算了 2003 年内蒙古草地生产力，内蒙古草地生长季的总第一性生产力为 28.59×10^{12}g。郝璐等（2006）则认为 2000—2003 年与 1981—1985 年相比，内蒙古地区草地生物单产及可食牧草产量均明显减少，可食牧草比例也明显降低；生物单产、可食牧草产量以及可食牧草比例高值区与次高值区均明显减少。在我国的南疆以及青海、甘肃等地区也有大量的草地，有很多学者以这些地区为研究区开展草地生产力的研究（孙建光等，2005；韩国栋等，2007；张芳，2008；俞联平，2008）。

估算生态系统生产力的模型主要分为三类：统计模型、光能利用率模型和机理模型。统计模型参数简单，操作容易，但是模拟精度不高。机理模型比较复杂，参数众多，模拟精度高，但多为站点尺度上的 NPP 模拟，模型参数扩展到面上时存在尺度转化问题，且不能充分考虑地理要素的空间异质性。光能利用率模型在利用遥感数据作为输入时可以充分考虑地理要素的空间异质性（Zhao，2010）。通常光能利用率模型利用 NDVI 估算冠层吸收的光合有效辐射 APAR，计算光能利用率 LUE，从而计算出总初级生产力 GPP，并利用其他限制光合作用的环境因子进一步修正潜在的生产力（彭长辉，2000）。光能利用率模型主要基于资源平衡观点（Field 等，1995），认为植物的生长是各种可用资源组合的结果，在其生理、生长和进化的过程中，所有资源趋于对植物生长具有平等的限制作用。极端条件下，NPP 则受最紧缺资源的限制。这类模型可在大尺度上将卫星遥感资料与生产力的估算结合起来。在快速更新的遥感信息的支持下，模型可以提供生产力的季节动态变化的检测。与其他类型的 NPP 模型相比，光能利用率模型有如下优点（李贵才，2004）：①利用遥感数据获得 FPAR，获得空间上连续的植被有效光合辐射吸收系数；②利用遥感数据进行现实植被分类，可及时地反映植被变化；③遥感数据覆盖范围大，可实现区域尺度上的 NPP 估算；④模型简单，所需要的输入参数少，易于掌握和计算。

GLOPEM 模型属于光能利用率模型，它主要通过植被冠层对太阳辐射的有效利用率来提取 NPP，因此光合有效辐射估算的准确度成为影响 GLOPEM 模型精度的一个主要因素（杨磊，2005）。估算陆地光合有效辐射的方法可以分为两类：一是利用地面站点的观测数据（日照时数、云量、辐射等）通过计算（孙睿，2001）来获取区域内连续的光合有效辐射；二是在卫星观测数据的支持下，以辐射传输模型为理论基础，发展适应各种传感器的光合有效辐射估算方法（刘荣高，2004；liu，2007；Laake 等，2004，2005；Olofsson，2007a，2007b；Chen 等，2008；杨磊，2005）。

GLOPEM 模型是唯一全部使用卫星遥感数据测定 APAR 以及环境变量的模型，是实现了 NPP 全遥感化计算的模型，并且在全球范围内得到了广泛的应用（Running，1988；Goetz 等，2000；Wang 等，2011）。Prince 和 Goward（1995）首次利用 GLOPEM 模型对全球 NPP 进行了模拟。Goetz 等（1999）对 GLOPEM 模型进行修改，并利用 12 个站点数据对模型进行验证。Cao 等（2004）利用 GLOPEM 模型计算了 1981—2000 年全球生态系统 NPP，认为 1980—2000 年 NPP 有上升的趋势，且发现 NPP 在厄尔尼诺事件时出现减少的趋势。Gao 等（2008）等研究了在不同放牧强度下，内蒙古地区草地生态系统的地下部分的生产力以及生物量的分配。此外，陈利军等（2001）认为 1981—1994 年中国陆地植被 NPP 大致在 5.88 ～ 6.66×10^9t · a^{-1} 之间。其中，1994 年的 NPP 总量最大，为 6.66×10^9t · a^{-1}；1993 年的最小，为 5.88×10^9t · a^{-1}，中国陆地植被的碳密度在 597.35 ～ 684.42g · m^{-2}。

1.1.5 草地产草量计算

草地产草量是天然草地生产力高低的重要衡量指标，同时也是制订畜牧业生产和管理规划的基础。及时准确地掌握草地产量资料，对计算草地载畜量和安排草畜生产、提高草地畜牧业生产力具有十分重要的意义。然而目前草地生产力的测定，主要沿用传统的测产方法，测点控制面窄，测定周期长，费用高，不能及时反映大面积的草地产量。我国最后一次全面的草地资源普查是在 20 世纪 80 年代进行的，现在草地条件已发生了很大变化，草地植被及其群落、草地生产力也都发生了相应变化，出现了不同程度的减少。如受气候变化的影响及长期超载过牧、乱垦、乱挖和鼠虫危害，果洛藏族自治州草地面积不断萎缩，草地产草量不断下降，天然草原的生态功能减弱，草地质量整体下降（俞联平等，2008）。因此在大面积的草地产草量预测实践中，需要从宏观角度出发采用快速、简便的手段实现草原生产力的估测。樊江文等（2010）对三江源地区 1988—2005 年的草地产草量和载畜压力变化进行了分析，结果表明，该地区草地平均超载 1.5 倍，其中冬春草场超载 2 倍以上，同时，草地载畜压力具有逐年下降的趋势，特别以冬春场的下降趋势更为明显，说明三江源地区草地利用逐年向合理的方向发展。

1.2 研究目的和内容

1.2.1 研究区概况

（1）地理位置

青海三江源地区位于我国西部、青藏高原腹地、青海省南部，为长江、黄河和澜沧江的源头汇水区。地理位置为北纬 31°39′—36°12′，东经 89°45′—102°23′，行政区域涉及玉树、果洛、海南、黄南四个藏族自治州的 16 个县和格尔木市的唐古拉乡，总面积 36.3 万 km^2（见图 1-1）。

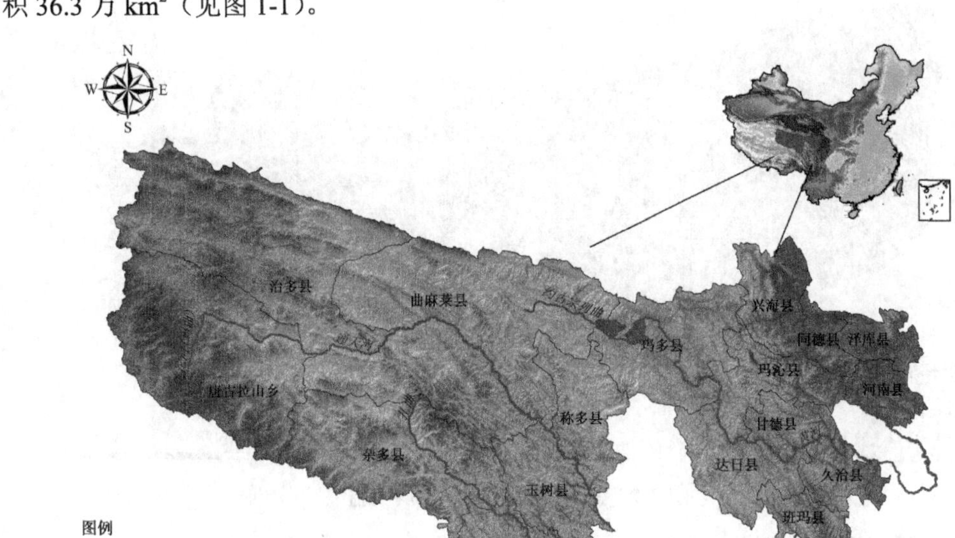

图 1-1　青海三江源地区海拔高程和行政区划

区内有 3 个国家级自然保护区：可可西里国家级自然保护区、三江源国家级自然保护区、隆宝国家级自然保护区。其保护重点为高原高寒草甸、湿地生态系统以及藏野驴、野牦牛、藏羚、藏原羚等重要物种及其栖息地。

（2）人口和经济

青海三江源区地广人稀，据 2015 年统计资料，区内总人口为 59 万人（其中，牧业人口 40.89 万人，占总人口的 69.3%），牧业户数 83 531 户，民族构成以藏族为主，占 90% 左右，其他为汉、回、撒拉、蒙古族等民族。

青海三江源区经济以草地畜牧业为主，有牲畜 2 224.03 万羊单位，超载 60% 左右。2015 年全区国民生产总值 23.04 亿元（其中，农牧业产值 13.05 亿元，占总产值的 56.6%）。牧民人均可支配收入 1 549.96 元。

源区现有中小学 403 所，适龄儿童入学率 32.6%；有医院卫生所 202 座，病床 2 041 张，每千人占有病床为 3.41 张。

（3）气候特征

三江源地区气候属青藏高原气候系统，为典型的高原大陆性气候，表现为冷热两季交替、干湿两季分明，年温差小、日温差大、日照时间长、辐射强烈，无四季区分的气候特征。冷季为青藏冷高压控制，长达 7 个月，热量低、降水少、风沙大；暖季受西南季风影响产生热气压，水汽丰富、降水量多。由于海拔高，绝大部分地区空气稀薄，植物生长期短，无绝对无霜期（邵全琴，2012）。

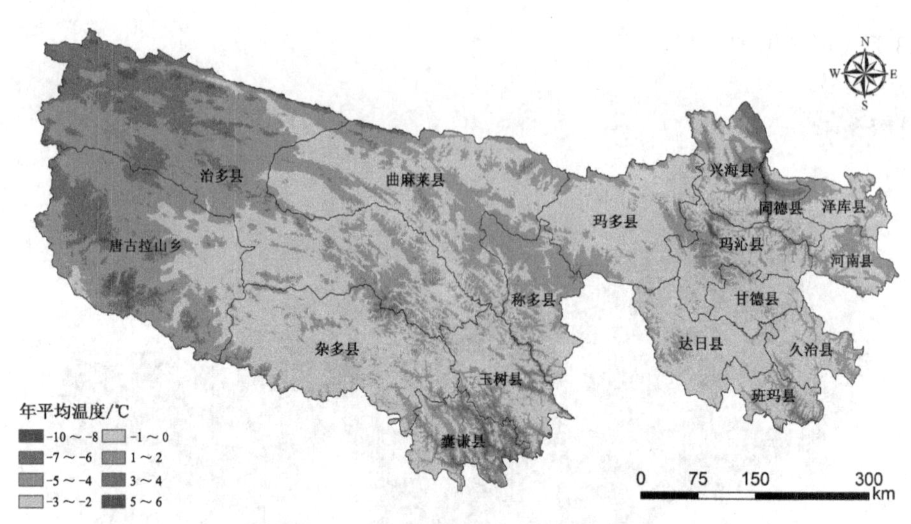

图 1-2　三江源地区多年平均气温

该地区年平均气温为 –5.6 ～ 3.8℃（见图 1-2）。其中最热月（7 月）平均气温为 6.4 ～ 13.2℃，极端最高气温为 28℃；最冷月（1 月）为 –13.8 ～ –6.6℃，极端最低气温为 –48℃。年平均降水量为 262.2 ～ 772.8mm（见图 1-3），其中 6—9 月降水量约占全年降水量的 75%，而夜雨量比例则达 55% ～ 66%。年蒸发量在 730 ～ 1 700 mm。日照百分率为 50% ～ 65%，年日照时数为 2 300 ～ 2 900h，年太阳辐射量为 5 500 ～ 6 800MJ · m^{-2}。沙暴日数一般 19d 左右，最多达 40 d（曲麻莱县）（邵全琴，2012）。

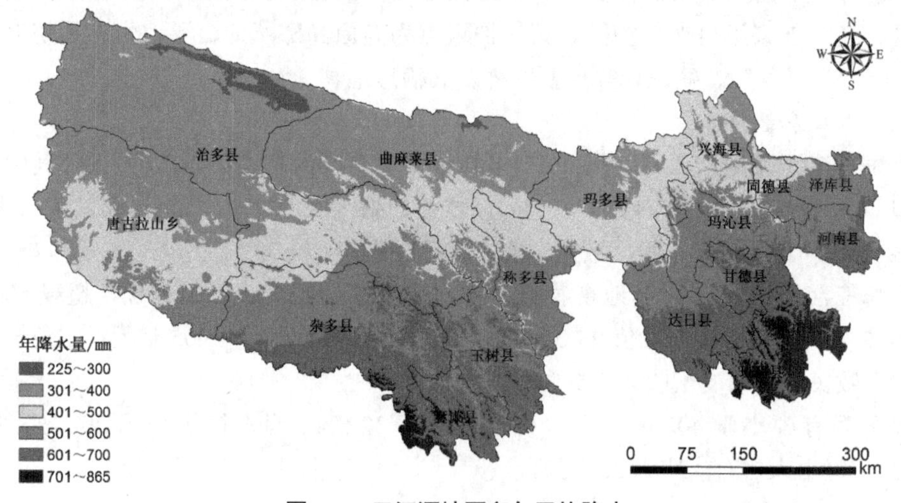

图 1-3　三江源地区多年平均降水

（4）*地形地貌*

三江源地区是青藏高原的腹地和主体，以山地地貌为主，山脉绵延、地势高耸、地形复杂，海拔为 3 335 ～ 6 564m。海拔 4 000 ～ 5 800m 的高山是地貌的主要骨架，主要山脉为东昆仑山及其支脉阿尼玛卿山、巴颜喀拉山和唐古拉山山脉，巴颜喀拉山是长江与黄河的分水岭。海拔 5 000m 以上分布冰川地貌。在长江、澜沧江源头，群山高耸，以冰川、冰缘、高山、高地平原、丘陵地貌为主，相间分布，间有谷地、盆地和沼泽；中西部和北部呈山原状，起伏不大、切割不深，多宽阔而平坦的滩地，因地势平缓、冰期较长、排水不畅，形成了大面积沼泽；东南部为高山峡谷地带，切割强烈，相对高差多在 1 000m 以上，地势陡峭，坡度多在 30° 以上。东部阿尼玛卿山横贯东西，高山、高地平原、丘陵、谷地都有分布，海拔 6 280m 的阿尼玛卿山峰积雪终年覆盖（邵全琴，2012）（见图 1-4）。

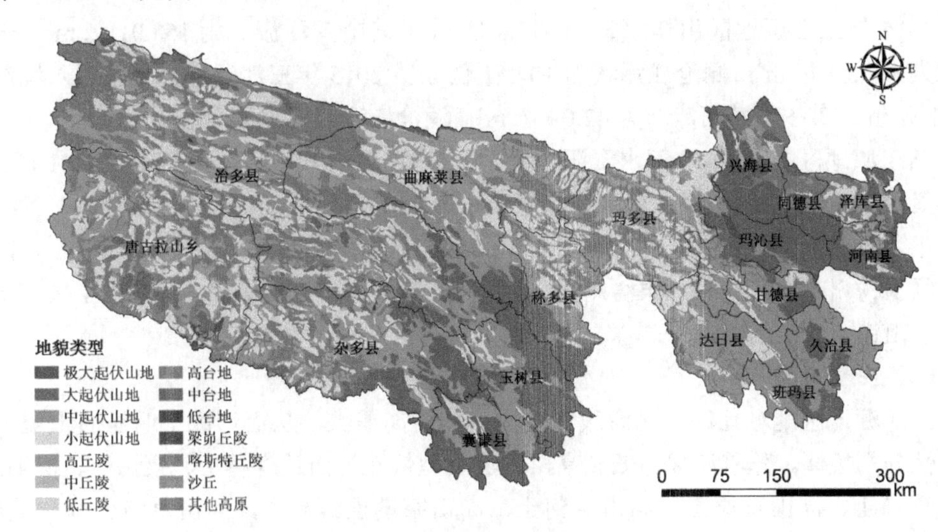

图 1-4　三江源地区地貌类型

（5）湿地与水文

三江源地区河流密布，湖泊、沼泽众多，雪山冰川广布，是世界上海拔最高、湿地面积最大、湿地类型最丰富的地区，湿地面积达 7.33 万 km^2，占总面积的 20.2%，

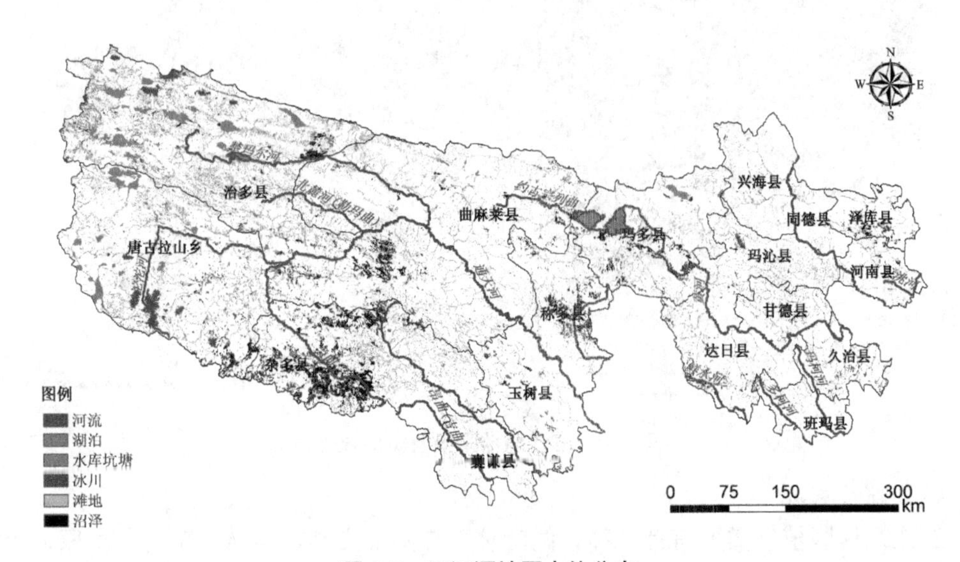

图 1-5　三江源地区水体分布

素有“中华水塔”乃至“亚洲水塔”之称（见图 1-5）。

2015 年三江源地区地表水资源量 362.78 亿 m^3，年径流深 122.4mm，与多年平均、2004 年、2005 年、2007 年、2008 年、2009 年、2010 年、2011 年、2012 年、2013 年、2014 年相比，分别减少了 15.6%、10.6%、42.3%、15.3 %、19.7%、44.0%、23.4%、27.9%、41.4%、19.2%、35.2%，与 2006 年相比，增加了 0.7%。其中，黄河流域 116.73 亿 m^3，长江流域 155.22 亿 m^3，澜沧江流域 90.83 亿 m^3。

2015 年三江源地区出境水量为 415.4 亿 m^3，其中黄河流域为 158.01 亿 m^3，长江流域为 155.02 亿 m^3，澜沧江流域为 102.51 亿 m^3。2015 年三江源综合试验区入境量为 53.91 亿 m^3。其中，黄河流域为 42.09 亿 m^3，澜沧江流域为 11.82 亿 m^3。

三江源地区 2015 年地下水资源量为 148.41 亿 m^3，其中河川基流量 148.41 亿 m^3，总排泄量 148.41 亿 m^3，降水入渗补给量模数为 5.01 万 $m^3 \cdot km^{-2}$。按流域分区，黄河流域地下水资源量为 49.32 亿 m^3、长江流域 61.85 亿 m^3、澜沧江流域 37.24 亿 m^3。按行政分区玉树州 84.12 亿 m^3、果洛州 44.42 亿 m^3、黄南州 9.01 亿 m^3、海南州 4.34 亿 m^3、唐古拉山镇 6.52 亿 m^3。

（6）*土壤类型*

三江源地区地域辽阔，高海拔山地多，相对高差大，从而形成了明显的土壤垂直地带性分布规律。随着海拔由低到高，土壤类型依次为山地森林土、栗钙土、灰褐土、山地草甸土、高山草原土、高山草甸土、高山寒漠土。其中，高山草甸土分布最广，海拔区间为 3 500—4 800m。沼泽化草甸土也较为普遍，冻土层极为发育（见图 1-6）。

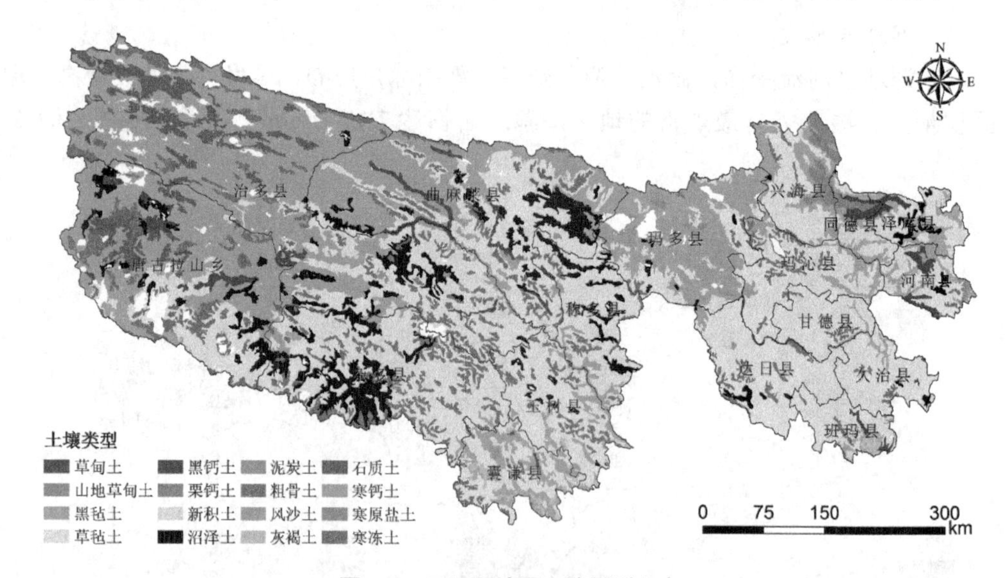

图 1-6 三江源地区土壤类型分布

（7）*植被概况*

三江源地区植被类型有针叶林、阔叶林、针阔混交林、灌丛、草甸、草原、沼泽及水生植被、垫状植被和稀疏植被 9 个植被型，可分为 14 个群系纲、50 个群系。植物种类有 87 科、471 属、2 308 种，约占全国植物种数的 8%，其中种子植物种数占全国相应种数的 8.5%。在 471 属中，乔木植物 11 属，占总属数的 2.3%；灌木植物 41 属，占 8.7%；草本植物 422 属，占 89%，植物种类以草本植物居多（邵全琴，2012）。

亚高山暗针叶林：主要树种有青海云杉（*Picea crassifolia*）、紫果云杉（*Picea purpurea*）、川西云杉（*Picea likiangensis*）、祁连圆柏（*Sabina przewalskii*）、大果圆柏（*Sabina tibetica*）、塔枝圆柏（*Sabina komarovii*）等。紫果云杉分布在黄南麦秀、果洛玛可河与多可河，川西云杉主要分布在玉树州的江西与白扎等地，青海云杉与祁连圆柏分布较广，三江源地区四个州所属林区均有生长，大果圆柏与塔枝圆柏，垂直分布相对较高，主要在玉树地区和玛可河、多可河以及黄南麦秀地区。

针阔叶混交林：主要有云杉圆柏混交林、云杉桦树混交林等，它在三江源地区各林地中都有分布。

落叶阔叶林：在三江源地区各林地的低位区都有生长，阴阳坡山地都有分布，以白桦（*Betula platyphylla*）为主，在黄南麦秀地区和海南兴海、同德、果洛玛沁等地有少量山杨（*Populus davidiana*）生长，呈小片状分布在山地阳坡或沟谷底部、滩地。

灌木林：在自然保护区广为分布的灌木树种有杜鹃（*Rhododendron* spp.）、高山柳（*Salix oritrepha*）、沙棘（*Hippophae* spp.）、鲜卑木（*Sibiraea laevigata*）、锦鸡儿（*Caragana* spp.）、金露梅（*Potentilla* spp.）、绣线菊（*Spiraea* spp.）、小蘖（*Berberis* spp.）、忍冬（*Lonicera* spp.）等。既有常绿型的杜鹃林灌丛，也有植株较高的沙棘、高山柳灌丛，还有低矮的锦鸡儿、金露梅灌丛，大多数灌木林生长在乔木林上缘或林下，而金露梅与锦鸡儿灌丛则成片分布在山地阴坡、半阴坡，独立分布于乔木林上缘。

草地植被：①高寒草甸，这类草地分布海拔较高，一般在 3 500 ～ 4 500m，甚至更高，以嵩草（*Kobresia* spp.）为主，伴生有少量早熟禾（*Poa* spp.）、苔草（*Carex* spp.）等，总盖度 80% ～ 95%，禾草层高度 10 ～ 25cm，嵩草层高度 5 ～ 8cm（周兴民，2001）。②高寒草原，这类草原以赖草（*Leymus* spp.）、针茅（*Stipa* spp.）、莎草（*Cyperus* spp.）以及低层的苔草和其他杂草组成，植物群落高度 15 ～ 30cm，主体分布高度 3 200 ～ 3 800m。③高寒荒漠，大陆性高山和高原上的荒漠，大气降水极少，年仅 20 ～ 50mm，低温，年均气温 –10 ～ –8℃，植物基本由超旱生、耐寒温、叶退化或特化、植株多为垫状小半灌木组成。一般高仅 8 ～ 15cm，叶小而质厚，群落中植物种类十分稀少，单位面积覆盖率常不足 5%。主要植物类型有垫状驼绒藜（*Ceratoides compacta*）、西藏亚菊（*Ajania tibetica*）、川藏蒿（*Artemisia tainingensis*）等。④高原沼泽植被，在多数沼泽湿地和低洼积水地都是这类植被的分布区域。主要植物种有莎草、毛茛（*Ranunculus* spp.）、眼子菜（*Potamogeton distinctus*）、杉叶藻（*Hippuris vulgaris*）等，伴生种有穗状狐尾藻（*Myriophyllum spicatum*）、沿沟草（*Catabrosa aquatica*）等，平均覆盖度 25% ～ 60%。⑤垫状植被，多数分布在裸露山地的下沿或洪积扇砾石滩地，主要物种有雪灵芝（*Arenaria brevipetala*）、垫状点地梅（*Androsace tapete*）等，伴生种有福禄草（*Arenaria przewalskii*）、凤毛菊（*Saussurea* spp.）、唐古红景天（*Rhodiola tangutica*）、圆穗兔耳草（*Lagotis ramalana*）、黄堇（*Corydalis pallida*）、委陵菜（*Potentilla* spp.）、雪莲（*Primula faberi*）和高山嵩草（*Kobresia pygmaea*）等。

此外，高山冰缘植被也有较大面积分布。主要包括凤毛菊属的三指雪兔子（*Saussurea tridactyla*），云状雪兔子（*S. aster*），小果雪兔子（*S. simpsoniana*），昆仑雪兔子（*S. depsangensis*），黑毛雪兔子（*S. hypsipeta*），水母雪兔子（*S. medusa*），膜苞雪莲（*S. bracteata*）以及囊种草（*Thylacospermum caespitosum*），高原荨麻（*Urtica hyperborea*），扭连钱（*Phyllophyton complanatum*），乌奴龙胆（*Gentiana urnula*），阿尔泰葶苈（*Draba altaica*），长苞荆芥（*Nepeta longibracteata*），垫状偃卧繁缕（*Stellaria decumbens* var. *pulvinata*）等（见图 1-7）。

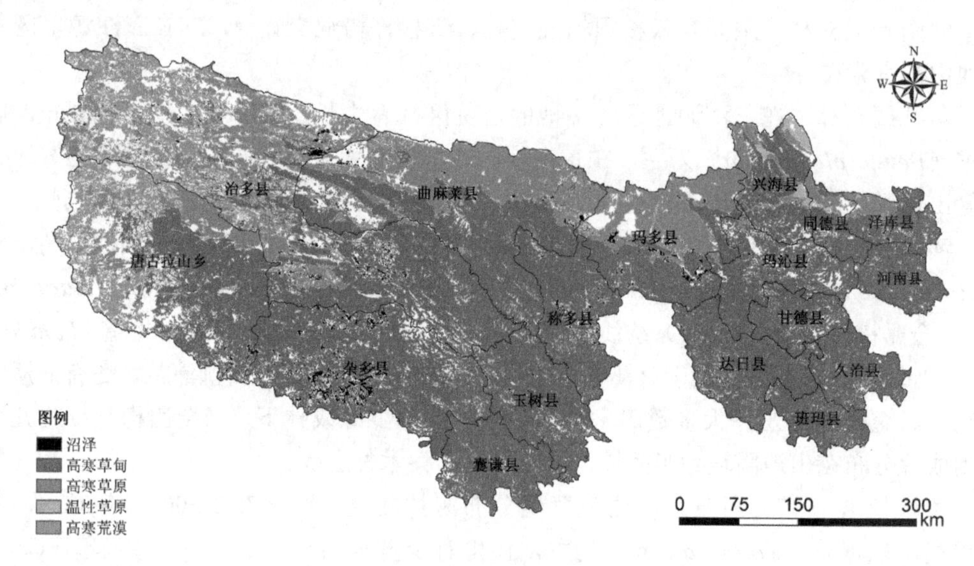

图 1-7 三江源地区草地类型分布

（8）野生动物

据调查，区内有兽类 8 目 20 科 85 种，鸟类 16 目 41 科 237 种（含亚种为 263 种），两栖爬行类 7 目 13 科 48 种。国家重点保护动物有 69 种，其中国家一级重点保护动物有藏羚（*Pantholops hodgsoni*）、野牦牛（*Bos grunniens*）、雪豹（*Panthera uncia*）等 16 种，国家二级重点保护动物有岩羊（*Pseudois nayaur*）、藏原羚（*Procapra picticaudata*）等 53 种。另外，还有省级保护动物艾鼬（*Mustela eversmanii*）、沙狐（*Vulpes corsac*）、斑头雁（*Anser indicus*）、赤麻鸭（*Tadorna ferruginea*）等 32 种。

（9）自然保护区分布

三江源国家级自然保护区是在三江源地区范围内由相对完整的 6 个区域的自然保护分区所组成。保护区总面积为 15.23 万 km^2，占青海省总面积的 21%，占三江源地区总面积的 42%，涉及果洛藏族自治州的玛多、玛沁、甘德、久治、班玛、达日 6 县，玉树藏族自治州的称多、杂多、治多、曲麻莱、囊谦、玉树 6 县，海南藏族自治州的兴海、同德 2 县，黄南藏族自治州的泽库和河南 2 县，格尔木市代管的唐古拉山乡，共 16 县

1 乡（见图 1-8）。

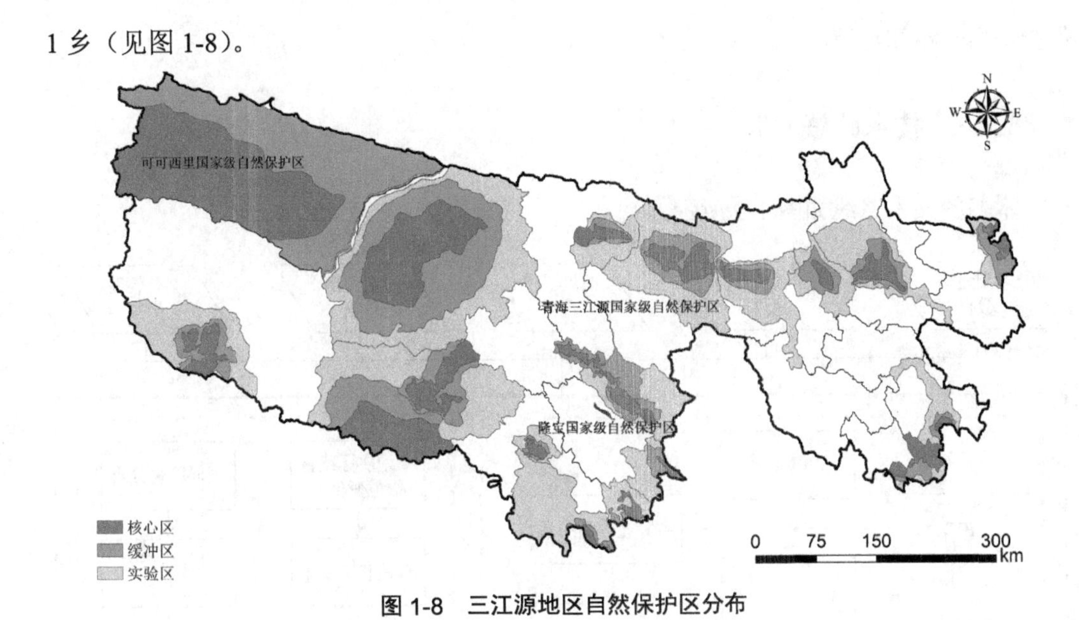

图 1-8　三江源地区自然保护区分布

1.2.2　研究目的和意义

位于青藏高原腹地的长江、黄河和澜沧江发源地的三江源地区，是青藏高原生态屏障区的主体之一，其独特的气候特征、特殊的地理位置和丰富的物种基因，使其在全国甚至全球生态系统中占有非常突出的地位。该地区是我国草地畜牧业发展的重要基地，其草地生态系统牧草供给功能也是一项重要服务功能。因此，本研究针对三江源高寒草地生态系统保护与综合治理、资源可持续利用、区域可持续发展，分析该地区草地退化成因，核定三江源高寒草地载畜量格局，为该地区高寒草地保护和实现以草定畜提供科学指导和依据。

1.2.3　研究内容

（1）三江源高寒草地退化成因

基于三江源气候变化和草地实际载畜量变化两个因素，结合气候湿润程度变化、气候生产力模型、遥感植被指数、野外调查，分析近 30 年来三江源高寒草地退化的主要驱动因子。

（2）高寒草地保护策略研究

基于光能利用率模型 GLOPEM 和野外样方数据，进行模型参数本地化，反演三江源高寒草地净初级生产力，并进行验证。利用产草量模型进行三江源高寒草地产草量计算，结合可食牧草比例、牲畜头只数核定三江源地区草地载畜压力，进行三江源地区以草定畜、核定草地畜牧业可持续发展规模，为高寒草地退化治理、草地生态系统保护提供建议和对策。

1.2.4　技术路线

本书的技术路线如图 1-9 所示。

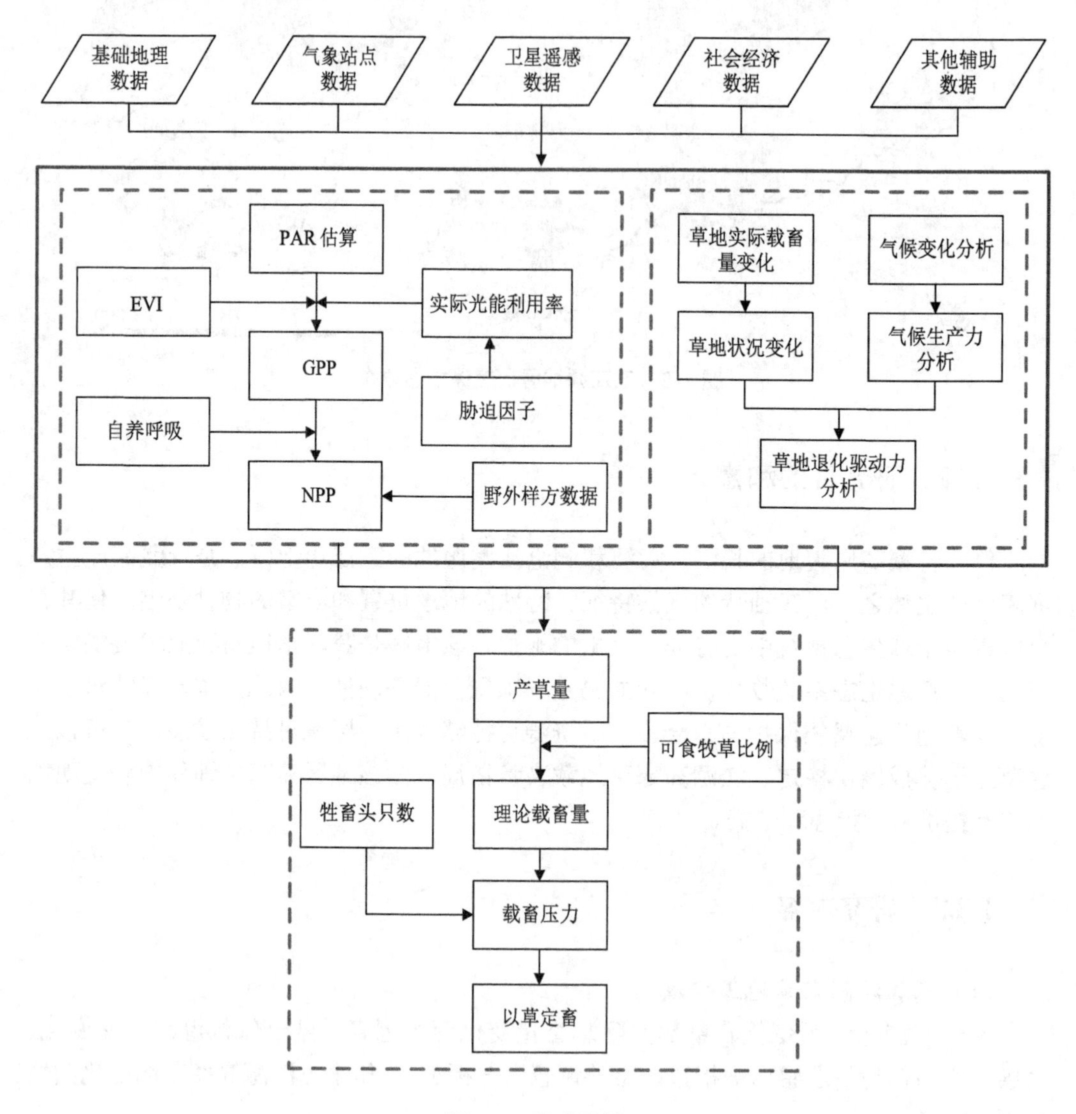

图 1-9　技术路线

第2章 三江源高寒草地生态系统状况和变化分析

2.1 基于遥感的近30年来三江源高寒草地退化态势

草地退化是指天然草地在干旱、风沙、水蚀、盐碱、内涝、地下水位变化等不利影响下，或过度放牧与割草等不合理利用，或滥挖、滥割、樵采破坏草地植被，引起草地生态环境恶化，草地牧草生物产量降低，品质下降，草地利用性能降低，甚至失去利用价值的过程（国家质量监督检验检疫总局，2003）。

刘纪远等（2008）根据以上标准以及遥感影像判读的原理和特点，建立了草地退化态势的遥感标准，并通过对比分析20世纪70年代中后期MSS图像、90年代初期TM图像和2004年TM/ETM图像，获得了三江源地区草地退化过程的空间数据集，进而分析掌握了70年代以来青海三江源地区草地退化的空间格局与时间过程特征。从三江源草地退化的遥感解译可以清楚地看到，在90年代初至2004年遥感卫星图像上可以识别的草地退化部位上，在70年代中后期的遥感影像上基本都可以看到草地退化的基本特征，且草地退化图斑的影纹相似。因此，三江源地区退化草地的空间分布格局在70年代已经基本形成，而草地退化过程自70年代中后期至2004年仍在继续发生。70年代中后期之前及之后长时间以来草地退化过程的叠加构成了三江源地区生态建设工程启动之前的草地退化状况本底。

20世纪70年代中后期—90年代初，三江源地区草地退化面积76 444.90km^2，占全区草地面积的32.83%，其中轻度退化占22.88%，中度退化占9.50%，重度退化占0.45%；90年代初—2004年该区草地退化面积84 102.66km^2，占全区草地面积的36.11%，其中轻度退化23.93%，中度退化占11.74%，重度退化占0.44%。前后两个时段对比草地退化面积增长3.28%（青海省三江源生态监测工作组，2010）。

2004—2009年三江源地区草地退化态势有所缓和，退化状态不变的面积占总面积的85.90%，轻微好转的面积占11.64%，明显好转的面积占0.56%，退化继续发生的面积占0.000 3%，退化加剧的面积占0.04%。因此从草地退化的态势看，2004—2009年三江源地区草地退化趋势基本得以控制，退化草地局部好转趋势十分明显（青海省三江源生态监测工作组，2010）。

2.2 三江源高寒草甸典型坡面草地退化特征

2.2.1 植被群落特征

2009年，在三江源地区玉树县上拉秀乡马龙村，本研究选取了三种典型的高寒草甸样地和一个不同退化程度的高寒草甸样地进行观测。典型高寒草甸的样地为矮生嵩草（*Kobresia humilis*）、高山嵩草（*K. pygmaea*）和沼泽化藏嵩草（*K. tibetica*）三种（见表2-1）。不同退化程度高寒草甸样地分别为无退化草地、轻度退化草地、中度退化草地、重度退化草地、极度退化草地。首先，我们在每个样地中按水平方向选择3个0.5m×0.5m范围为一个草地样方，然后获得每个样方内植被盖度、植物类型等，并测量样方内的地上生物量，最后用3个样方的地上生物量均值作为该样地的地上生物量值。获取样方地上生物量时，先用剪刀将该样方内地上部分的草全部剪下，然后烘干，最后称取干重作为该样方的地上生物量。

表2-1　三个典型高寒草甸样地主要特征

草地类型	经纬度	海拔高度	主要特征
矮嵩草草甸	32°51′24.3″N 96°58′38.1″E	4 085m	建群种：矮嵩草（50%） 草群高度：5～8cm 土壤：高山草甸土 地形：平坦谷地 群落总盖度：90% 主要伴生种：高山嵩草（20%）、珠芽蓼（*Polygonum viviparum*）（5%）、高山唐松草（*Thalictrum alpinum*）（5%）、矮火绒草（*Leontopodium nanum*）（5%）、独一味（*Lamiophlomis rotata*）（5%）、雪白委陵菜（*Potentilla nivea*）（1%）、二裂委陵菜（*Potentilla bifurca*）（1%）、黄帚橐吾（*Ligularia virgaurea*）（1%）等
高山嵩草草甸	32°57′40.2″N 96°11′21.2″E	4 400m	建群种：高山嵩草（50%） 草群高度：3～5cm 土壤：高山草甸土 地形：小山丘顶部 群落总盖度：100% 主要伴生种：矮嵩草（25%）、苔草（5%）、麻花艽（5%）（*Gentiana straminea*）、美丽凤毛菊（*Saussurea pulchra*）（3%）、黄帚橐吾（3%）、金露梅（2%）、雪白萎陵菜（2%）、棘豆（*Oxytropis* spp.）（1%）、垫状点地梅（1%）、矮火绒草（1%）、高山唐松草（1%）、珠芽蓼（1%）等

续表

草地类型	经纬度	海拔高度	主要特征
沼泽化藏嵩草草甸	32°57′25.4″N 96°11′19.5″E	4 340m	建群种：藏嵩草（60%） 草群高度：20 ～ 35cm 土壤：沼泽化草甸土 地形：河边低阶地 群落总盖度：90% 主要伴生种：矮嵩草（17%）、苔草（13%）、展苞灯心草（*Juncus thomsonii*）（5%）、毛茛（5%）等

不同退化程度高寒草甸样地位于三江源地区玉树县高寒草甸退化典型坡面上，该坡面顶部是未退化的高山嵩草草甸，坡底是极重度退化的“黑土滩”。从坡顶到坡底，草地退化程度逐渐增加（见表 2-2）。

表 2-2 不同退化程度高寒草甸样点主要特征

退化程度	经纬度	海拔高度	植被盖度 /%	草种类占比 /%
未退化	32°57′40.2″N 96°11′21.2″E	4 405m	100	高山嵩草（50%）、矮嵩草（25%）、苔草（15%）、美丽凤毛菊（6%）、雪白委陵菜（4%）
轻度退化	32°57′35.9″N 96°11′22.3″E	4 385m	85	高山嵩草（30%）、矮嵩草（5%）、苔草（10%）、麻花艽（10%）、雪白萎陵菜（6%）、美丽凤毛菊（5%）、金露梅（5%）、矮火绒草（4%）等
中度退化	32°57′30.9″N 96°11′21.6″E	4 370m	70	高山嵩草（20%）、矮嵩草（5%）、金露梅（21%）、垫状点地梅（10%）、黄帚橐吾（5%）、矮火绒草（2%）、麻花艽（3%）等
重度退化	32°57′30.1″N 96°11′21.2″E	4 365m	40	黄帚橐吾（25%）、细叶亚菊（*Ajania tenuifolia*）（15%）
极重度退化	32°57′28.9″N 96°11′21.3″E	4 356m	5	细叶亚菊（5%）

野外观测结果显示，随着高寒草甸退化程度的加剧，优势种所占的比例逐渐下降，禾草类、莎草类等优质牧草比例也在下降，而杂类草所占比例明显升高，草地出现逆向演替。无退化高寒草甸坡面，具有完整草皮层且植被覆盖度较高，为 100%，地上生物量平均为 157.90 g · m^{-2}。优势种为高山嵩草、矮嵩草，所占比例为 35% ～ 45%；草皮层完整，草地覆盖均匀，无鼠害发生。轻度退化草地植被覆盖度为 85%，生物量平均为 133.07 g · m^{-2}，莎草科和禾本科所占比例为 20% ～ 29%，植被生长较均匀，无鼠害发生。中度退化草地植被覆盖度下降明显，为 70%，生物量平均为 108.38 g · m^{-2}，其建群种中莎草科和禾本科优势种的比例也在下降，所占比例为 15% ～ 20%，植被

分布不均匀，同时伴随有鼠洞的出现，草地根系遭到了害鼠破坏。重度退化草地不仅植被覆盖度大幅降低仅为40%，生物量平均为91.71 g · m^{-2}，莎草科和禾本科也不到10%，害鼠大量迁入、迁出，侵蚀和堆积活跃，出现大面积的次生裸地“黑土滩”。极度退化草地植被覆盖度为5%，生物量平均为65.49 g · m^{-2}，莎草科和禾本科几乎没有，由于土壤侵蚀和鼠害影响，表土层基本完全剥离，大量母质砾石出露。各退化程度草地植被覆盖度如图2-1所示，地上生物量如图2-2所示。

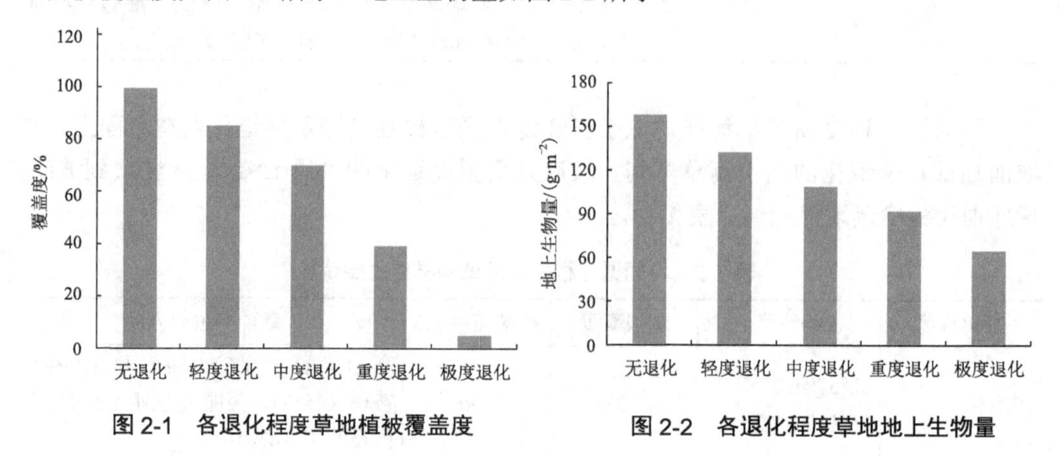

图2-1　各退化程度草地植被覆盖度　　图2-2　各退化程度草地地上生物量

2.2.2　不同退化程度坡面土壤呼吸测定

土壤呼吸测量在玉树县马龙样地进行，共选择三个草地退化类型9个测定点，分别为未退化嵩草草甸、退化中期的黑土滩、退化后期表层无有机质的黑土滩。土壤呼吸测量采用的仪器为基因公司生产的Li-6400土壤呼吸室，测量时间为10点至16点，每隔1小时进行一次测量。测量前一天，把9个直径为10cm的PVC土壤隔离环安放到相应的测量点。测量时，设定环境CO_2浓度后，选择循环测量重复次数为3次，delta值设为10×10^{-6}。每个测量点的结果为3次循环测量的均值，每种退化程度坡面的土壤呼吸结果为3个测量点的均值。同时，使用TDR对测量点进行土壤湿度的辅助测量（见图2-3）。

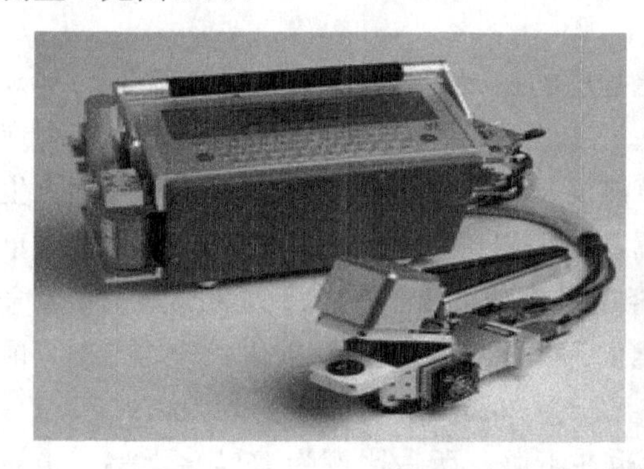

图2-3　Li-6400光合作用仪和野外测量

本书选择 3 种退化程度草地坡面，来研究土壤呼吸速率的差异。同时，我们也进行土壤湿度的辅助测量，结果如图 2-4 所示。

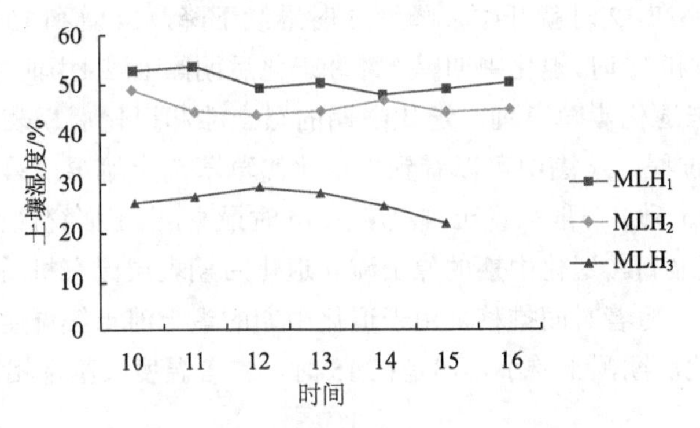

注：MLH_1、MLH_2 和 MLH_3 分别代表未退化嵩草草甸、退化中期的黑土滩和退化后期表层无有机质的黑土滩。MLH_3 由于遭遇雷雨，故未测量 16 时的值。

图 2-4　不同退化程度坡面土壤湿度变化过程

从图 2-4 中可以看到不同退化程度的坡面，土壤湿度差异较明显，退化程度越剧烈，土壤湿度越低。这是由于草地退化后，土壤中植被根系和有机质较少，同时土壤侵蚀会把土壤细颗粒带走，剩下粒径较粗的土壤储水能力较差。由此也可以证实本书所选取的不同退化程度坡面的测量点较典型。

从图 2-5 中可以明显看到，总体上未退化嵩草草甸土壤呼吸速率较高，其次为退化中期的黑土滩，退化后期表层无有机质的黑土滩土壤呼吸速率较低，未退化嵩草草甸土壤呼吸速率是退化后期黑土滩土壤的 2 倍。这是由于未退化嵩草草甸土壤中植被根系和有机质较多，根系呼吸和微生物分解活动较活跃；而退化中期和后期黑土滩土壤中植被根系和有机质较少，根系呼吸和微生物分解活动不活跃。

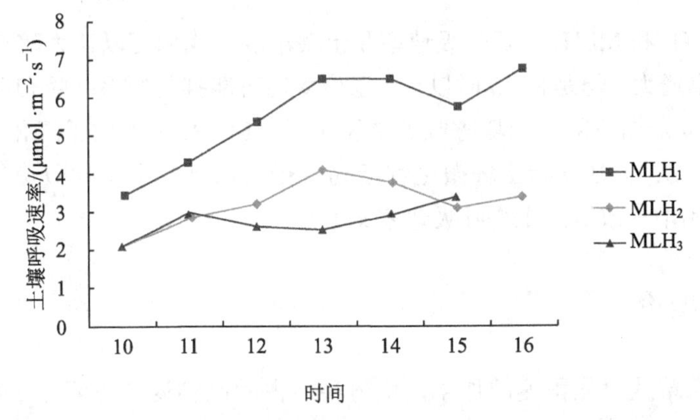

注：MLH_1、MLH_2 和 MLH_3 分别代表未退化嵩草草甸、退化中期的黑土滩和退化后期表层无有机质的黑土滩。MLH_3 由于遭遇雷雨，故未测量 16 时的值。

图 2-5　不同退化程度坡面土壤呼吸速率变化过程

未退化嵩草草甸土壤呼吸速率随时间变化而显著增加，但是在 14 时增加放缓，并且该值在 15 时下降，然后 16 时转而上升。退化中期的黑土滩土壤呼吸速率变化过程基本类似，只不过在 14 时该值就开始下降，15 时继续下降，16 时转而上升。退化后期的黑土滩土壤呼吸速率在 12 时就开始下降，13 时继续下降，14 时和 15 时土壤呼吸速率上升。在 10 时、11 时和 15 时，退化中期黑土滩和退化后期黑土滩土壤呼吸速率相差不大。

图 2-6 所示为未退化嵩草草甸、退化中期的黑土滩和退化后期表层无有机质的黑土滩土壤温度变化过程。从图中可以看到未退化嵩草草甸土壤温度最低，随着时间的推移，土壤温度不断上升。一般来说土壤温度在 14 时最高，由于研究区在西部青藏高原，因此 15 时土壤温度最高。退化中期的黑土滩和退化后期表层无有机质的黑土滩土壤温度在 10 时相差不大，随着时间推移，由于退化中期的黑土滩土壤湿度较大，因此土壤温度上升速率比退化后期黑土滩小，但是在 15 时，二者温度又基本相等。

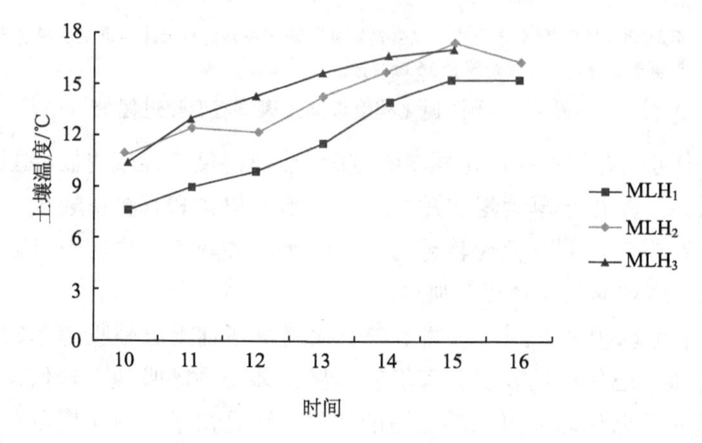

注：MLH_1、MLH_2 和 MLH_3 分别代表未退化嵩草草甸、退化中期的黑土滩和退化后期表层无有机质的黑土滩。MLH_3 由于遭遇雷雨，故未测量 16 时的值。

图 2-6 不同退化程度坡面土壤温度变化过程

结合 MLH_1 和 MLH_2 土壤呼吸速率和土壤温度，我们可以认为随着土壤温度升高，土壤呼吸速率增大，但是在 13 时以后，温度太高可能抑制根系呼吸和微生物分解活动，15 时以后温度开始下降，土壤呼吸速率又上升。MLH_3 可能由于退化基本无植被，随着温度增加，从 12 时开始土壤微生物活动就受到抑制，土壤呼吸速率下降。14 时和 15 时温度开始增加放缓，土壤呼吸速率又上升。

2.2.3 结论

随着高寒草地退化程度的加剧，优势种所占的比例逐渐下降，禾草类、莎草类等优质牧草比例也同时在下降，而杂类草所占比例明显升高，草地出现逆向演替。

随着草地退化程度加剧，土壤呼吸速率下降，土壤湿度下降，土壤温度上升。未退化嵩草草甸土壤呼吸速率是退化后期黑土滩土壤的 2 倍。

未退化嵩草草甸和退化中期的黑土滩土壤呼吸速率随时间变化而显著增加，但是在 14 时和 15 时土壤呼吸速率下降，可能与温度上升过高有关。退化后期黑土滩随着温度增加，从 12 时开始土壤呼吸速率下降，14 时和 15 时土壤呼吸速率又上升。

2.3　黄河源区高寒草地 NDVI 格局与梯度变化

黄河源区位于青藏高原东部，是黄河流域的主要产流区、水源涵养区，也是我国重要的生态屏障（赵成章，2009）。由于严酷而独特的自然环境，该地区同时也是我国生态环境脆弱区。近年来该区因高寒草甸退化（周华坤，2005b；马玉寿，1998）、高寒草原沙化（曾永年，2007；郄妍飞，2008）、草原鼠害猖獗（周雪荣，2010）、沼泽和湿地面积减少（王根绪，2004）、生物多样性急剧萎缩（杨建平，2005）而成为国内学者研究热点地区（谷源泽，2002；薛娴，2007；芦清水，2009）。受水、热梯度影响，该区顺黄河源头而下分布着高寒草甸和高寒草原两种草地类型（见图 2-7）。国内学者在内蒙古典型温带草原的研究证实，草地生长状况与水、热梯度有着密切的关系（李林芝，2009；程杰，2010；白永飞，2002），但在黄河源区国内尚未见相关报道。

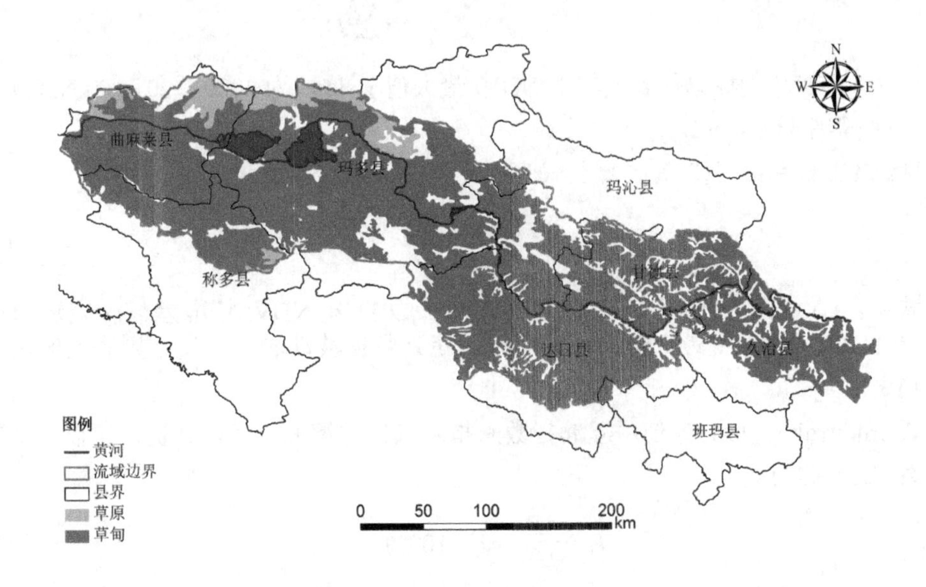

图 2-7　黄河源区草地类型空间分布

本研究拟用 2000—2011 年黄河源区 NDVI 作为草地生长状况的代用指标，分析该区草地状况随水热梯度变化过程，揭示气候环境的梯度变化对高寒草原和高寒草甸状况影响程度，为全球气候变化与草地生态系统响应的研究提供科学依据。

2.3.1　数据和方法

本研究用到的 NDVI 数据来源于美国 MODIS Terra 2000—2011 年植被指数产品，

空间分辨率为 1km（下载地址：https://wist.echo.nasa.gov/~wist/api/imswelcome/）。1km 分辨率数字高程模型数据和 1 ∶ 100 万植被类型数据来源于国家自然科学基金委员会“中国西部环境与生态科学数据中心”(http://westdc.westgis.ac.cn)。研究区草地空间分布是从 1 ∶ 100 万植被类型数据中提取得到。气象站点观测数据是由中国气象局数据共享中心提供，包括 1980—2009 年黄河源区及周边气象站点日观测数据，数据项为日平均温度、日最高温度、日最低温度、风速、相对湿度、降水和日照时数。

研究区为黄河源头地区，流域边界提取是基于 1km 分辨率数字高程模型数据，利用 ArcGIS 软件中水文分析模块，进行集水流域提取而生成的。由于研究区位于青藏高原高寒区，因此采用最大合成法（Maximum Value Composite Syntheses，MVC）获得每个像元一年中草地 NDVI 最大值（$NDVI_{max}$，记为 NDVI）来代表当年植被生长状况。然后采用最小二乘法线性回归方程的斜率来分析 2000—2011 年研究区 NDVI 变化趋势，计算公式为：

$$\text{slope}=\frac{n\times\sum_{j=1}^{n}\left[j\times \text{NDVI}_{(j)}\right]-\sum_{j=1}^{n}j\sum_{j=1}^{n}\text{NDVI}_{(j)}}{n\times\sum_{j=1}^{n}j^2-(\sum_{j=1}^{n}j)^2} \quad (2\text{-}1)$$

式中，NDVI 为标记代表一年中 NDVI 最大值；slope 为 2000—2011 年 NDVI 变化斜率；j 为年序号；n=12。

NDVI 变异系数（CV）计算公式为：

$$\text{CV}=\frac{\text{SD}}{\overline{\chi}} \quad (2\text{-}2)$$

式中，CV 表示变异系数；SD 表示 2000—2011 年 NDVI 标准差；$\overline{\chi}$ 表示 2000—2011 年 NDVI 均值。CV 值越大，表明时间序列数据波动较大；反之则表明时间序列较为稳定。

Thornthwaite（1948）使用湿润指数来指示气候的湿润程度，并提出了以下计算湿润指数（I_m）的公式：

$$I_m=(\frac{P}{\text{ET}_0}-1)\times 100\% \quad (2\text{-}3)$$

式中，P 为年降水量；ET_0 为潜在蒸散。本研究采用此式计算湿润指数来定量表示研究区湿润程度。潜在蒸散（ET_0）采用联合国粮农组织（FAO）1998 年对 Penman-Monteith 模型修订后的版本计算（王懿贤，1981；Allen，1998）：

$$\text{ET}_0=\frac{0.408\Delta(R_n-G)+\gamma\frac{900}{T+273}U_2(e_s-e_a)}{\Delta+\gamma(1+0.34U_2)} \quad (2\text{-}4)$$

式中，R_n 为净辐射；G 为土壤通量；γ 为干湿常数；Δ 为饱和水汽压曲线斜率；U_2 为 2m 高处的风速；e_a 为实际水汽压；e_s 为平均饱和水汽压。

净辐射 R_n 的计算公式如下：

$$R_n = 0.77 \times (0.248 + 0.752\frac{n}{N})R_{so} - \sigma[\frac{T_{\max,k}^4 + T_{\min,k}^4}{2}](0.56 - 0.25\sqrt{e_a})(0.1 + 0.9\frac{n}{N}) \quad (2\text{-}5)$$

式中，σ 为 Stefan-Boltzmann 常数（4.903×10^{-9}MJK$^{-4}\cdot$m$^{-2}\cdot$d^{-1}）；$T_{\max,k}$、$T_{\min,k}$ 分别为绝对温标的最高和最低气温；n 为实际日照时数；N 为可照时数；R_{so} 为晴天辐射。

利用 ANUSPLIN 软件将黄河源区及周边气象站点数据插值形成本区空间 1km 栅格气候数据（Hutchinson，1998，2007），包括年平均气温、年降水量和湿润指数（王英，2006），其中湿润指数由式（2-3）至式（2-5）计算得到。基于上述工作，形成研究区年平均温度、降水量、湿润指数和海拔高度梯度数据。

2.3.2　环境梯度变化

利用 1980—2009 年年平均气温、降水量观测数据和海拔高度数据，分析该区环境因子梯度变化。图 2-8 显示，近 30 年来研究区年平均温度在 –7 ～ 1℃，年降水量在 334 ～ 885mm，湿润指数在 –37 ～ 67，海拔高程在 3 515 ～ 5 175m。自西北向东南，年平均温度、年降水量和湿润指数梯度上升，海拔高程梯度下降。

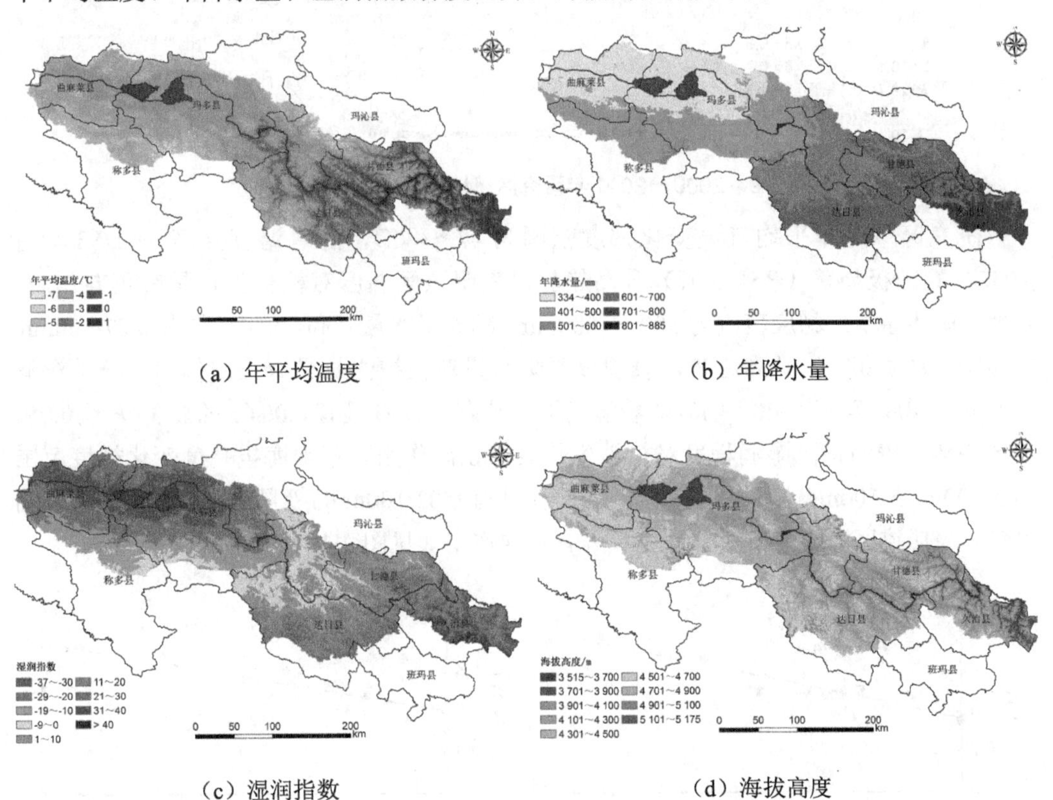

（a）年平均温度　（b）年降水量

（c）湿润指数　（d）海拔高度

图 2-8　环境因子空间格局

2.3.3　NDVI 梯度变化

研究区近 12 年来草地 NDVI 均值变化范围为 0.062 7 ～ 0.869 8，平均值为 0.557 8。空间上该区从东南至西北沿黄河逆流而上 NDVI 逐渐下降，该格局明显受水、热条件制约而形成。NDVI 最高的地区为久治县和甘德县，其次为达日县和玛沁县，玛多县、称多县和曲麻莱县 NDVI 最低。扎陵湖和鄂陵湖以北的高寒草原地区为研究区 NDVI 低值区（见图 2-9）。

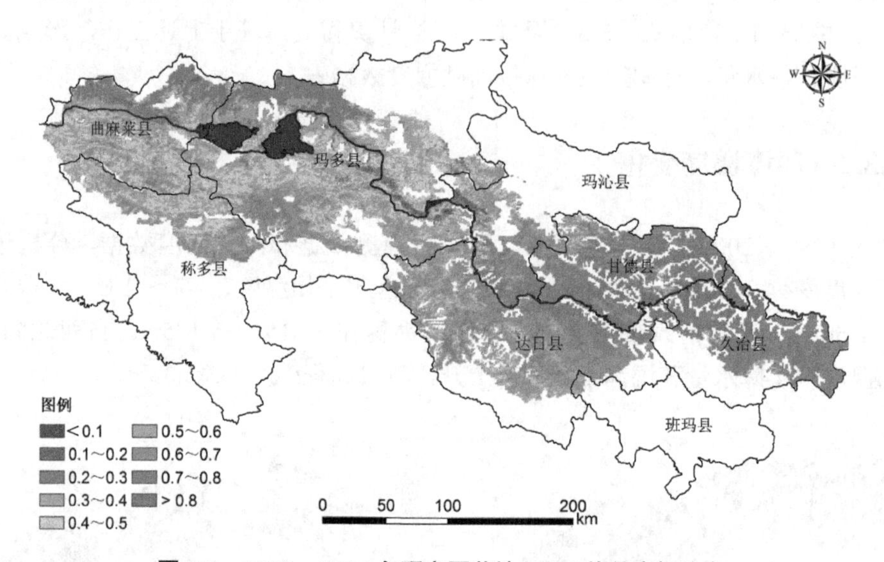

图 2-9　2000—2011 年研究区草地 NDVI 均值空间分布

研究区草地年平均气温变化梯度范围为 –7 ～ 1℃，随着温度升高，NDVI 具有 0.052 7/℃的极显著（$P < 0.01$）升高趋势，表明该区温度对植被生长具有正向作用。草地年降水量变化梯度范围为 300 ～ 800mm，随着降水量升高，NDVI 具有 0.07/100mm 的显著（$P < 0.05$）升高趋势，表明该区降水量对植被生长具有正向作用。草地湿润指数变化梯度范围为 –40 ～ 40，随着湿润指数升高，NDVI 具有 0.004 3 的显著（$P < 0.05$）升高趋势，表明该区湿润程度对植被生长具有正向作用。草地海拔高度变化梯度范围为 3 500 ～ 5 100m，随着海拔升高，NDVI 具有 0.03/100m 的极显著（$P < 0.01$）升高趋势，表明该区海拔高度对植被生长具有负向作用（见图 2-10）。

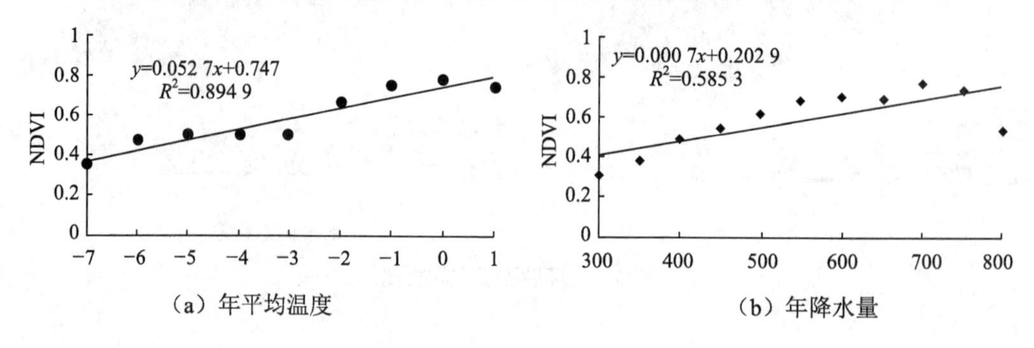

（a）年平均温度　　（b）年降水量

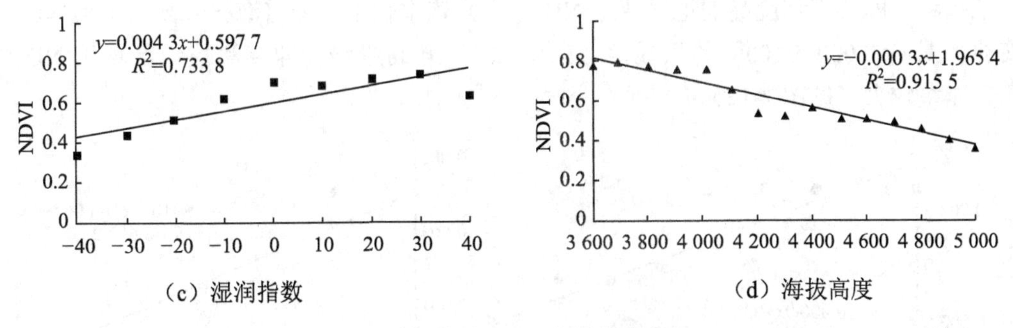

（c）湿润指数　　（d）海拔高度

图 2-10　草地 NDVI 均值梯度变化

2.3.4　NDVI 变化率

研究区近 12 年来草地 NDVI 变化速率介于 −0.049 7 ～ 0.031 5a^{-1}，平均值为 0.002 4a^{-1}。空间上该区从东南至西北 NDVI 变化速率上升，该格局一方面可能受到水、热条件变好的影响，一方面也与研究区自 2005 年以来实施的退牧还草、以草定畜和草地退化治理等生态恢复措施有关。NDVI 变化速率最高的地区为玛多县、曲麻莱县和称多县，其次为达日县和玛沁县，久治县和甘德县 NDVI 变化速率最低。扎陵湖和鄂陵湖附近地区为 NDVI 变化速率较高，达日县黄河以南局部地区 NDVI 变化速率较低（见图 2-11）。

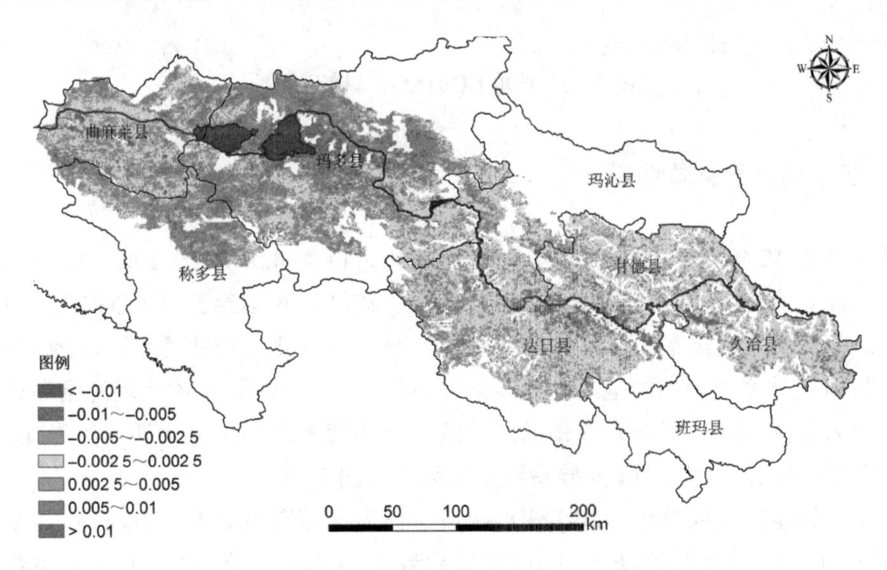

图 2-11　研究区草地 NDVI 变化速率空间分布

研究区随着温度升高，草地 NDVI 变化率具有 −0.000 9/℃的极显著（$P < 0.01$）降低趋势，即高温地区草地 NDVI 上升速率较小。随着降水量升高，草地 NDVI 变化率具有 −0.000 9/100mm 的显著（$P < 0.05$）降低趋势，即年降水量多的地区草地 NDVI 上升速率较小。随着湿润指数升高，草地 NDVI 变化率具有 −0.000 07 的极显著（$P < 0.01$）

降低趋势，即湿润程度高的地区草地 NDVI 上升速率较小。随着海拔升高，草地 NDVI 变化率具有 0.000 5/100m 的极显著（$P<0.01$）升高趋势，即高海拔地区草地 NDVI 上升速率较大（见图 2-12）。

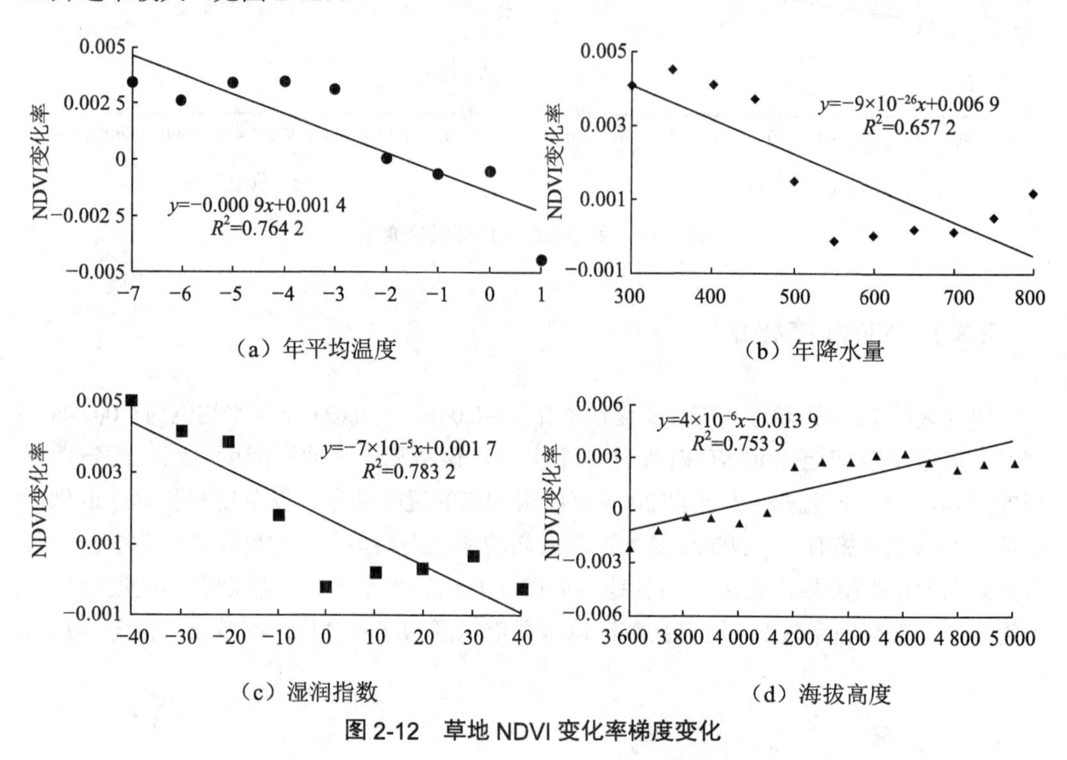

（a）年平均温度　（b）年降水量

（c）湿润指数　（d）海拔高度

图 2-12　草地 NDVI 变化率梯度变化

2.3.5　NDVI 变异系数

研究区近 12 年来草地 NDVI 变异系数变化范围为 0.008 7 ～ 1.094 7，平均值为 0.076 7，表明草地 NDVI 变化幅度较小。空间上该区从东南至西北 NDVI 变异系数逐渐上升。和 NDVI 变化率相似，该格局与水、热条件变化和退牧还草、草地退化治理有关。NDVI 变异系数最高的地区为玛多县、曲麻莱县和称多县，其次为玛沁县和达日县，甘德县和久治县 NDVI 变异系数最低。扎陵湖和鄂陵湖周围地区为研究区 NDVI 变异系数高值区，久治县为 NDVI 变异系数低值区（见图 2-13）。

变异系数能够反映草地 NDVI 变动幅度。研究区随着温度升高，草地 NDVI 变异系数具有 –0.01/℃的极显著（$P<0.01$）降低趋势，即高温地区草地 NDVI 变异系数较小。随着降水量升高，草地 NDVI 变异系数具有 –0.01/100mm 的显著（$P<0.05$）降低趋势，即年降水量多的地区草地 NDVI 变异系数较小。随着湿润指数升高，草地 NDVI 变异系数具有 –0.000 9 的极显著（$P<0.01$）降低趋势，即湿润程度高的地区草地 NDVI 变异系数较小。随着海拔升高，草地 NDVI 变异系数具有 0.008/100m 的极显著（$P<0.01$）升高趋势，即高海拔地区草地 NDVI 变异系数较大（见图 2-14）。

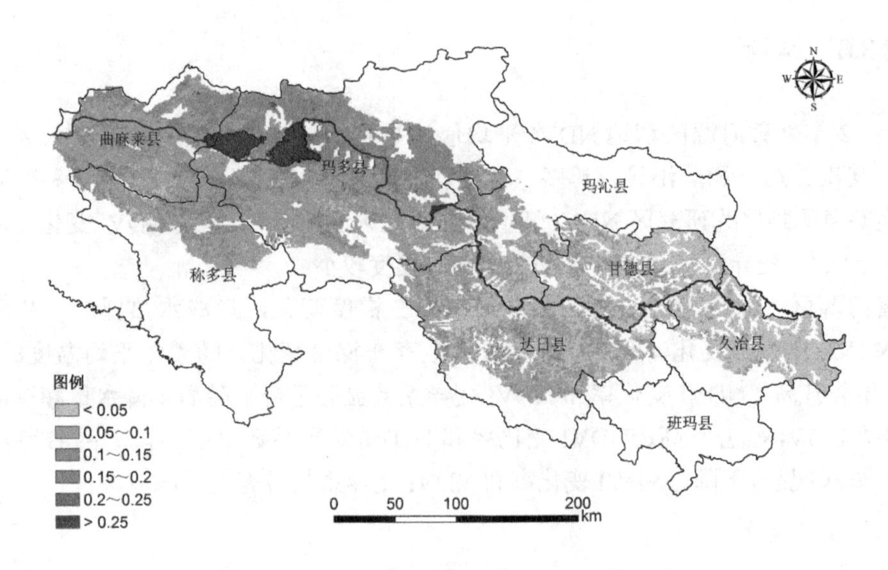

图 2-13　研究区草地 NDVI 变异系数空间分布

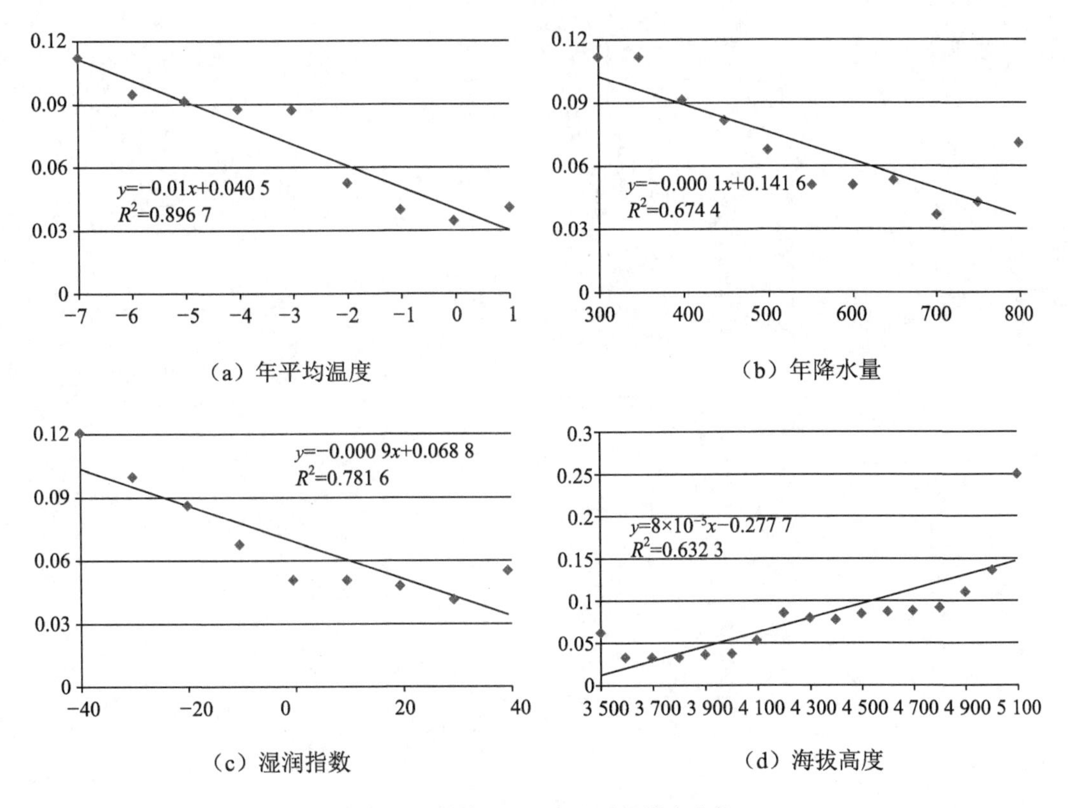

图 2-14　草地 NDVI 变异系数梯度变化

2.3.6 结论

近 12 年来黄河源区草地 NDVI 平均值为 0.557 8。NDVI 最高的地区为久治和甘德县，其次为达日和玛沁县，玛多、称多和曲麻莱县 NDVI 最低。扎陵湖和鄂陵湖以北的高寒草原地区为研究区 NDVI 低值区。研究区近 12 年来草地 NDVI 变化速率均值为 0.002 4 a^{-1}，变异系数均值为 0.076 7，变化幅度较小。

黄河源区气候环境因子自西北向东南存在梯度变化，形成水热梯度，从而导致草地 NDVI、NDVI 变化率和 NDVI 变异系数存在梯度变化。随着年平均温度的升高，NDVI 显著升高、NDVI 变化率和 NDVI 变异系数显著下降；随着年降水量和湿润指数的升高，NDVI 显著升高、NDVI 变化率和 NDVI 变异系数显著下降；随着海拔高度增加，NDVI 显著下降、NDVI 变化率和 NDVI 变异系数显著上升。

第3章　近45年来三江源地区气候变化分析

三江源地区是气候变化的敏感区和生态环境的脆弱带。为了全面认识和揭示三江源地区过去气候变化的过程和规律，我们利用三江源地区气象站点数据，分析近45年来各站点气温、降水、潜在蒸散和湿润程度的变化过程和趋势。本研究可以为近几十年来三江源地区生态环境变化提供气候驱动力分析的科学背景，同时也为全球气候变化研究提供区域性的科学例证。

3.1　数据和方法

本研究选取青海省三江源地区数据序列完整的13个气象台站1966—2010年日值观测数据，包括日最低、最高温度、日平均温度、风速、相对湿度、日照时数和降水量，在剔除其中异常值后，计算各站点潜在蒸散和湿润指数。气象站点日值观测数据由国家气象信息中心气象资料室提供。由于气象台站迁址，造成河南站在1981年出现年平均温度急剧下降现象。对此，我们选取中国均一化历史气温数据集（1951—2004年）中距离河南站较近的达日、同德和合作三站资料，采用建立参考序列的方法进行订正处理（李庆祥，2003）（见图3-1）。

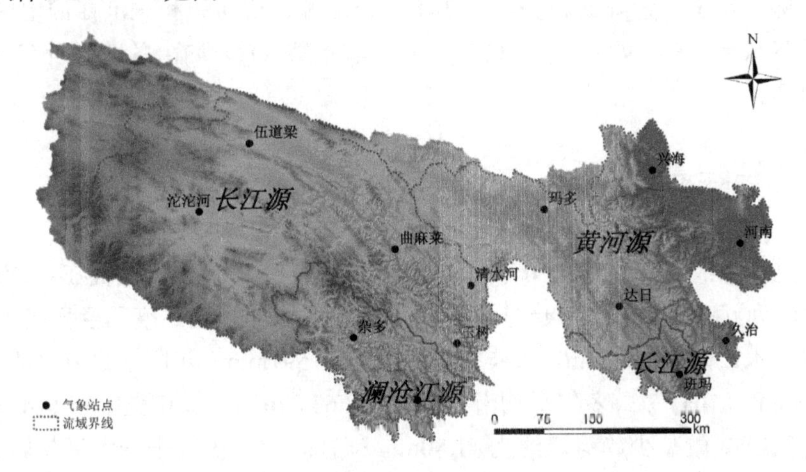

图3-1　三江源地区气象站点空间分布

国际上计算潜在蒸散的方法很多，其中 Penman 模型由于具有较坚实的物理基础（Penman，1948）而被广泛应用。本研究采用联合国粮农组织（FAO）1998 年对 Penman-Monteith 模型修订后的版本计算潜在蒸散（ET_0）（Richard，1998）：

$$ET_0 = \frac{0.408\Delta(R_n - G) + \gamma \frac{900}{T+273} U_2 (e_s - e_a)}{\Delta + \gamma(1 + 0.34U_2)} \tag{3-1}$$

式中，R_n 为净辐射；G 为土壤通量；γ 为干湿常数；Δ 为饱和水汽压曲线斜率；U_2 为 2m 高处的风速；e_a 为实际水汽压；e_s 为平均饱和水汽压。

净辐射是 Penman-Monteith 模型的基础。王懿贤（1981）采用 a=0.248 和 b=0.752 计算短波辐射，并采用 Penman 原式计算长波辐射，其结果较符合我国实际状况，本研究净辐射也采用该经验系数。R_n 的计算公式如下：

$$R_n = 0.77 \times (0.248 + 0.752\frac{n}{N})R_{so} - \sigma[\frac{T_{max,k}^4 + T_{min,k}^4}{2}](0.56 - 0.25\sqrt{e_a})(0.1 + 0.9\frac{n}{N}) \tag{3-2}$$

式中，σ 为 Stefan-Boltzmann 常数（$4.903\times10^{-9}MJK^{-4}m^{-2}a^{-1}$）；$T_{max,k}$、$T_{min,k}$ 分别为绝对温标的最高和最低气温；n 为实际日照时数；N 为可照时数；R_{so} 为晴天辐射。

Thornthwaite（1948）认为在潜在蒸散的基础上，可用湿润指数来指示气候的湿润程度，并提出了下列计算湿润指数（I_m）的公式：

$$I_m = (\frac{P}{ET_0} - 1) \times 100\% \tag{3-3}$$

式中，P 为降水量；ET_0 为潜在蒸散。

本研究采用此式计算湿润指数来定量表示区域湿润程度。

近 45 年来年平均温度（T）、降水量（P）、潜在蒸散（ET_0）和湿润指数（I_m）的变化趋势采用线性趋势分析方法，用线性回归方程的斜率表示变化趋势，斜率大于 0 为升高趋势，小于 0 为降低趋势。三江源、长江源、黄河源和澜沧江源地区年平均温度（T）、降水量（P）、潜在蒸散（ET_0）和湿润指数（I_m）均由各地区所有气象台站求平均值得到。

3.2　年际变化

青海三江源地区 1966—2010 年多年平均温度为 –0.48℃，多年变幅在 –1.60 ～ 0.95℃；增温趋势约为 0.37℃·(10a)$^{-1}$，趋势极显著，且近 9 年来年平均温度已经稳定在 0℃以上。多年平均降水量为 482.51mm，多年变幅在 410 ～ 591mm；年降水量有略微增加趋势，约为 4.90mm·(10a)$^{-1}$。多年平均潜在蒸散为 663.87mm，多年变幅在 624 ～ 713mm；年潜在蒸散有略微减少趋势，约为 –1.80mm·(10a)$^{-1}$。多年平均湿润指数为 –27.15，多年变幅在 –41 ～ –5；湿润指数有略微增加趋势，约为 0.90·(10a)$^{-1}$。

三江源地区各站点年平均温度和年降水量与纬度、海拔高度大致呈负相关关系，与经度呈正相关关系，即由东南向西北随着海拔高度和纬度逐渐增加，年平均温度和降水量显著下降。近 45 年来年平均温度均值最高为澜沧江流域的囊谦站 4.38℃，最低为长江源头伍道梁站 –5.16℃。各站点均呈现极显著的增温趋势，趋势最大为玉树站约 0.45℃ ·（10a）$^{-1}$，增温趋势最小为班玛站 0.28℃ ·（10a）$^{-1}$。

年降水量与年平均温度变化趋势大体相同。近 45 年来年降水量均值最高为黄河流域久治站 748.22mm，最低为长江流域伍道梁站只有 287.94mm，所以本地区属于半干旱和半湿润地区。囊谦站和伍道梁站年降水量具有显著增加趋势，分别为 20.08mm ·（10a）$^{-1}$ 和 21.13mm ·（10a）$^{-1}$，久治站和河南站年降水量减少趋势较大，分别为 –23.99mm ·（10a）$^{-1}$ 和 –22.35mm ·（10a）$^{-1}$。

年潜在蒸散受多个气候因子影响，其空间分布情况较复杂。近 45 年来年潜在蒸散均值最高为囊谦站 759.46mm，最低为清水河站 583.95mm。玛多站、达日站和河南站年潜在蒸散具有极显著的增加趋势，分别为 8.13mm ·（10a）$^{-1}$、6.06mm ·（10a）$^{-1}$ 和 5.75 mm ·（10a）$^{-1}$，杂多站、曲麻莱站、班玛站和囊谦四站年潜在蒸散具有极显著的减少趋势，分别为 –8.88 mm ·（10a）$^{-1}$、–11.23 mm ·（10a）$^{-1}$、–13.19 mm ·（10a）$^{-1}$ 和 –13.32 mm ·（10a）$^{-1}$。

湿润指数是反映一个地区干湿状况的指标。三江源地区湿润指数具有从东南向西北逐渐减小的趋势，近 45 年来湿润指数均值最高为本区东南部的久治站 19.86，最低为本区西北部的沱沱河站 –59.51。囊谦站、伍道梁站和曲麻莱站湿润指数具有极显著的增加趋势，分别为 3.88 ·（10a）$^{-1}$、3.22 ·（10a）$^{-1}$ 和 2.56 ·（10a）$^{-1}$，久治站和河南站湿润指数具有显著的降低趋势，分别为 – 4.04 ·（10a）$^{-1}$ 和 – 4.65 ·（10a）$^{-1}$（见图 3-2 和表 3-1）。

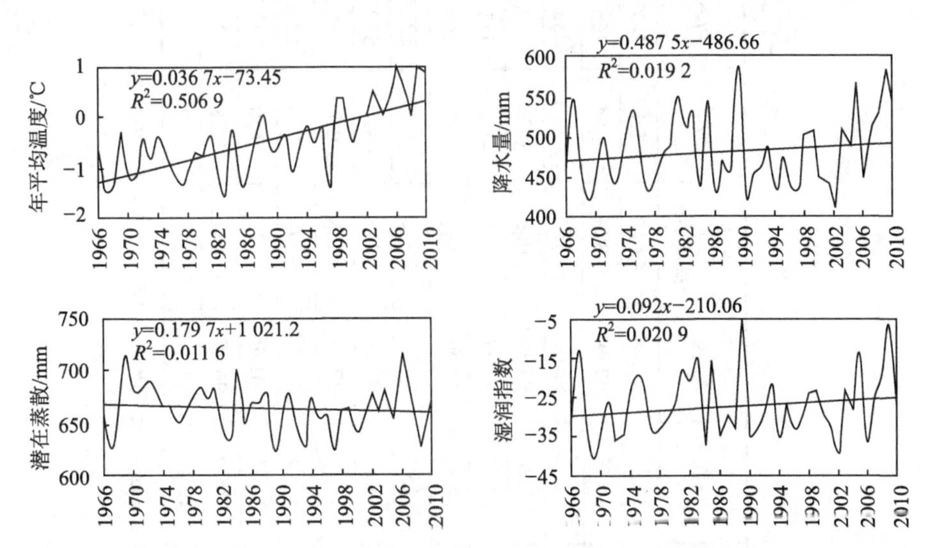

图 3-2　三江源地区年平均温度、年降水量、年潜在蒸散、湿润指数多年变化趋势

表 3-1　三江源地区气象站点近 45 年气候变化趋势

站名	纬度	经度	海拔高度 /m	T/℃	P/mm	ET_0/mm	I_m	T 趋势 / [℃ · (10a)$^{-1}$]	P 趋势 / [mm · (10a)$^{-1}$]	ET_0 趋势 / [mm · (10a)$^{-1}$]	I_m 趋势 / (10a)$^{-1}$
伍道梁	35.22	93.08	4 612	–5.16	287.94	635.89	–54.45	0.30**	21.13**	1.08	3.22**
兴海	35.58	99.98	3 323	1.54	366.71	718.11	–48.44	0.31**	13.91	–5.00	2.21
沱沱河	34.22	92.43	4 533	–3.83	288.24	718.08	–59.51	0.36**	13.65	0.69	1.87
杂多	32.90	95.30	4 066	0.78	531.31	691.91	–22.88	0.40**	7.99	–8.88*	2.15
曲麻莱	34.13	95.78	4 175	–1.94	413.44	672.16	–38.16	0.38**	10.95	–11.23**	2.56*
玉树	33.02	97.02	3 681	3.50	480.97	691.45	–30.15	0.45**	–1.42	3.62	–0.55
玛多	34.92	98.22	4 272	–3.55	322.09	638.67	–49.24	0.43**	13.00	8.13*	1.35
清水河	33.80	97.13	4 415	–4.47	510.00	583.95	–12.56	0.33**	6.34	1.73	0.83
达日	33.75	99.65	3 968	–0.71	550.30	631.07	–12.60	0.33**	7.20	6.06*	0.28
河南	34.73	101.60	3 500	–0.50	584.76	609.54	–3.84	0.43**	–22.35*	5.75*	–4.65*
久治	33.43	101.48	3 629	0.80	748.22	625.55	19.86	0.42**	–23.99*	1.19	–4.04*
囊谦	32.20	96.48	3 644	4.38	531.33	759.46	–29.76	0.37**	20.08*	–13.32**	3.88**
班玛	32.93	100.75	3 530	2.93	657.29	654.54	0.73	0.28**	–3.11	–13.19**	1.62

注：* 代表显著性检验通过 95% 置信区间，** 代表通过 99% 置信区间。

3.3 年代变化

本研究把 1966—2010 年分成 5 个时期：20 世纪 60 年代后期（1966—1969 年）、70 年代（1970—1979 年）、80 年代（1980—1989 年）、90 年代（1990—1999 年）和 2000 年以来（2000—2010 年）；并按空间分成长江源地区、黄河源地区、澜沧江源地区，分别求各时期各流域年平均温度（T）、降水量（P）、潜在蒸散（ET_0）和湿润指数（I_m）平均值。

三江源地区各时期年平均温度呈上升趋势，自 2000 年以来已经上升至 0.32℃，各源区年平均温度也呈上升趋势。澜沧江源地区气温相对较高，各时期年平均温度都在 0℃以上；长江源地区气温相对较低，各时期年平均温度均值都在 0℃以下；黄河源地区 2000 年以来年平均温度已经升至 0℃以上，为 0.28℃（见图 3-3）。

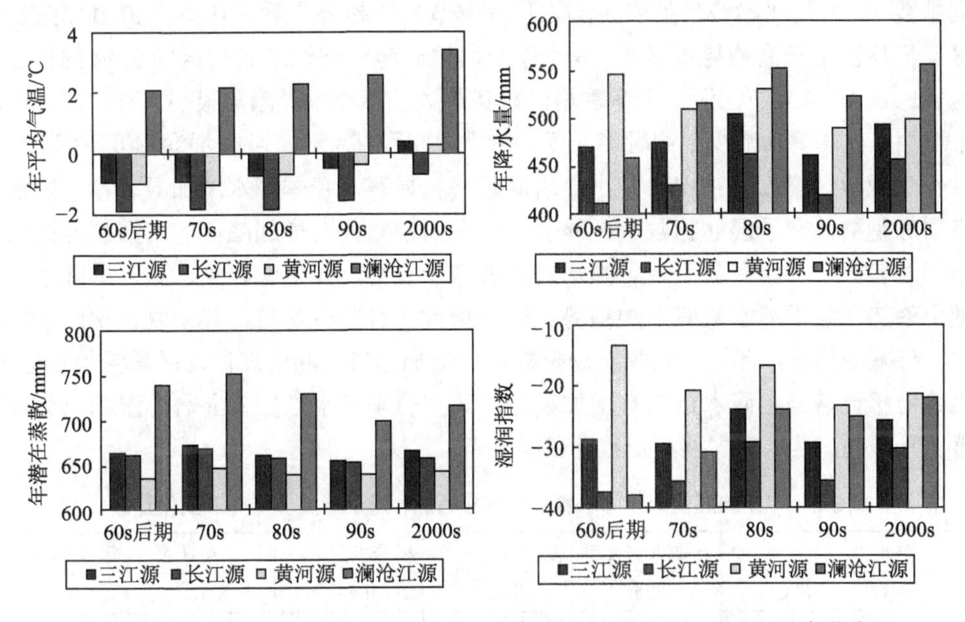

图 3-3　各时期各流域多年平均气温、年降水量、潜在蒸散和湿润指数年代变化

三江源地区从 20 世纪 60 年代后期至 80 年代降水量不断增加，80 年代降水量均值为 502.60mm。至 90 年代进入相对干旱时期，降水量为 462.32mm。2000 年以来降水量有所增加，为 494.51mm，但仍未达到 80 年代水平。长江源地区各时期降水量变化与三江源地区基本一致。澜沧江源地区 90 年代降水量比 80 年代少，但比 60 年代和 70 年代多。该区进入 2000 年以来降水量达到历史最大值，为 557.02mm，总体上该流域降水量随时间变化具有增加趋势。黄河源地区降水量最大时期为 60 年代后期，达 545mm。在 90 年代降水量降至最低，2000 年以来降水量虽然有所增加，但仍然低于 90 年代之前。总体上黄河源地区降水量随时间变化具有降低趋势。

三江源地区 70 年代潜在蒸散均值最高，其后不断减少，至 2000 年以来有所增加。长江源地区、黄河源地区和澜沧江源地区变化过程与全区基本一致，只是幅度有所变化。

三江源地区湿润指数80年代最高，90年代较低，2000年以来有所增加，但仍低于80年代。长江源地区各时期湿润指数变化过程与全区基本一致。澜沧江源地区湿润指数2000年以来最高，为–21.85。黄河源地区湿润指数60年代后期最高为–13.37，80年代较高为–16.66，90年代和2000年以来湿润指数下降较多。总体上黄河源地区湿润指数随时间变化具有降低趋势。

3.4 年内变化

本研究以一年中3—5月为春季、6—8月为夏季、9—11月为秋季、12—次年2月为冬季计算各季节各流域近45年平均温度（T）、降水量（P）、潜在蒸散（ET_0）和湿润指数（I_m）变化趋势（见表3-2）。从各季节变化趋势来看，1966—2010年三江源地区年平均温度升高趋势极显著，4个季节增温趋势均通过了置信区间99%的极显著性检验。近45年来三江源地区冬季增温趋势最大，春季增温趋势最小；春、夏、冬季降水增加，秋季降水减少；同时春、夏、冬季湿润程度上升，秋季湿润程度下降。

长江源地区增温趋势相对较小，增温趋势极显著。春季降水增加显著，年降水量具有增加趋势。春季湿润指数上升显著，年湿润指数具有增加趋势。黄河源地区增温趋势相对较大，增温极显著。年降水量具有减少趋势，其中春、夏、秋三季降水量具有减少趋势，冬季降水具有增加趋势。湿润指数具有减少趋势，其中夏、秋两季湿润指数具有减少趋势，冬、春两季湿润指数句有增加趋势。澜沧江源地区增温趋势最大，增温趋势极显著。年降水量具有增加趋势，其中春季降水增加极显著。湿润指数具有显著上升趋势，其中春季湿润指数升高极显著。

表3-2 年平均温度、年降水量、年潜在蒸散、湿润指数多年季节变化趋势

		春季/(10a)$^{-1}$	夏季/(10a)$^{-1}$	秋季/(10a)$^{-1}$	冬季/(10a)$^{-1}$	年/（10a）$^{-1}$
三江源	T/℃	0.25**	0.36**	0.44**	0.48**	0.37**
	P/mm	3.41**	2.88	–2.13	0.24	4.88
	ET_0/mm	–1.25	–0.68	0.44	–0.05	–1.80
	I_m	1.84*	1.49	–2.15	0.23	0.92
长江源	T/℃	0.24**	0.35**	0.43**	0.42**	0.35**
	P/mm	3.81**	4.25	–0.70	0.21	7.92
	ET_0/mm	–1.09	–1.08	–0.15	–0.08	–2.88
	I_m	1.97*	2.18	–0.48	0.21	1.50
黄河源	T/℃	0.27**	0.39**	0.46**	0.47**	0.38**
	P/mm	–0.40	–3.16	–5.01	0.27	–7.66
	ET_0/mm	–1.76	–1.74	0.66	0.01	–2.79
	I_m	0.26	–0.09	–5.48	0.24	–0.82
澜沧江源	T/℃	0.24**	0.33**	0.42**	0.56**	0.39**
	P/mm	9.27**	5.97	–1.76	0.11	14.03

续表

		春季 /(10a)$^{-1}$	夏季 /(10a)$^{-1}$	秋季 /(10a)$^{-1}$	冬季 /(10a)$^{-1}$	年 / (10a)$^{-1}$
澜沧江源	ET_0/mm	–5.21	–2.55	–1.17	–0.25	–11.10
	I_m	4.85**	3.14	–0.33	0.17	3.08*

注：* 代表显著性检验通过 95% 置信区间，** 代表通过 99% 置信区间。

3.5　本章结论

IPCC（政府间气候变化专门委员会）第四次报告第一工作组报告中指出全球 100 年（1906—2005）增温趋势为 0.74℃，而且距离现在越近的时段增温速率越快。任国玉（2005）认为 1951—2004 年中国年平均温度增幅约为 1.3℃，增温速率约为 0.25℃ ·（10a）$^{-1}$，北方和青藏高原地区增温最明显。为了在比较时段上匹配，本研究从国家气象信息中心获取“中国地面气温年值格点数据集”进行比较，结果表明 1966—2010 年我国东北、华北和西北地区年平均温度增加速率最快，其次为青藏高原地区，约为 0.35℃ ·（10a）$^{-1}$。本研究 1966—2007 年青海三江源地区增温趋势为 0.34℃ ·（10a）$^{-1}$，略低于青藏高原整体水平。

降水分析表明黄河源地区降水量呈现减少趋势，其中夏、秋季这一现象最为明显。夏、秋季降水减少将影响牧草生长，再加上畜牧业发展使得草地载畜长期处于超载状态，由此带来草地退化、沙化等问题，其中黄河源地区这一现象最严重（Liu 等，2008）。年代降水量分析也显示，三江源地区 20 世纪 60 年代后期至 80 年代降水量较多，这一时期家畜存栏数也处于大发展阶段，草地已经开始退化。至 90 年代年降水量下降至低谷，牧草产量受影响较大，当地牧民仍然不愿意降低家畜存栏数量，导致草地退化程度加剧。2000 年以来三江源地区年降水量显著增加，这种现象对于当地生态保护和建设工程十分有利。

青海三江源地区湿润程度表现出略微增加趋势，其中春季湿润指数升高显著，可能与该地区 2003 年以来降水量增多且春季降水增加极显著有关。近 45 年来长江源和澜沧江源区均表现出暖湿趋势，而黄河源地区表现出暖干趋势，这与黄河源地区 60 年代后期和 80 年代湿润指数较高有关。该区 90 年代湿润指数较低，2000 年以来年降水量比 90 年代多，但该区 90 年代年平均气温均值在 0℃以下，而进入 2000 年以来年平均气温均值已经升高到 0℃以上，导致潜在蒸散和年降水量增加幅度基本相等，因而湿润指数并未升高。黄河源区暖干化，尤其是夏、秋季暖干化趋势，对该地区草地恢复和畜牧业生产的不利影响较大。

因此上述分析，可以得出以下结论：1966—2010 年青海三江源地区年平均温度显著上升，约为 0.37℃ ·（10a）$^{-1}$，是我国增温速率较快的地区。各江河源区年平均温度也显著上升，其中澜沧江源地区增温速率最快为 0.39℃ ·（10a）$^{-1}$，其次为黄河源地区 0.38℃ ·（10a）$^{-1}$，长江源地区增温速率为 0.35℃ ·（10a）$^{-1}$。三江源地区秋、冬季增温速率较大，春季增温速率较小。2000 年以来是近 45 年来三大江河源地区年平均温度最高的时期。

近 45 年来三江源地区秋季降水量呈现减少趋势，春、夏、冬三季降水量呈现增加趋势。其中黄河源地区降水量减少趋势最大，这可能是该地区草地退化、沙化现象相对严重的驱动因素之一。三大江河源地区年降水量在 80 年代均较多，90 年代为低值期，对牧草产量影响较大，再加上家畜存栏数量居高不下，导致三江源地区草地退化、沙化程度加剧。2000 年以来三江源地区年降水量有所增加，对于当地生态保护和建设十分有利，但仍然低于 80 年代水平。

近 45 年来青海三江源地区湿润程度表现出略微增加趋势，其中春季湿润指数升高显著，可能与该地区 2003 年以来降水量增多且春季降水增加显著有关。三江源地区湿润程度在 80 年代较高，90 年代处于相对干旱时期，2000 年以来湿润程度有所增加，但仍然低于 80 年代水平。长江源和澜沧江源区均表现出暖湿趋势，而黄河源地区表现出暖干趋势，尤其是夏、秋季暖干趋势，对该地区草地恢复和畜牧业生产的不利影响较大。

第4章 基于GLOPEM模型的三江源植被NPP模拟

植被净第一性生产力（NPP）是指绿色植物在单位面积、单位时间内所累积的有机物数量。NPP作为地表碳循环的重要组成部分，直接反映了植被群落在自然环境条件下的生产能力，表征陆地生态系统的质量状况，并且在全球变化及碳平衡中扮演着重要的作用。

4.1 数据和方法

气象站点观测数据是由中国气象局数据共享中心提供，包括2001—2011年青海三江源地区及周边气象站点日观测数据，数据项为日平均温度、日最高温度、日最低温度、风速、相对湿度、降水和日照时数，在剔除其中异常值后，计算各气象站点2001—2011年年降水、年潜在蒸散和湿润指数，并利用ANUSPLIN插值成1km栅格数据。

GLO-PEM是一个由遥感数据驱动的光能利用率模型，由冠层辐射吸收、利用、自养呼吸以及环境限制因子等几个相互联系的部分组成，在国内得到了广泛的应用。在GLO-PEM模型中NPP可以表示为：

$$\mathrm{NPP} = \mathrm{PAR} \times \mathrm{FPAR} \times \varepsilon - R_a \tag{4-1}$$

式中，PAR为光合有效辐射；FPAR是植被吸收的光合有效辐射比率；ε是现实光能利用率；R_a是植被自养呼吸（包括维持性呼吸R_m和生长性呼吸R_g）。

现实光能利用率的计算公式如下：

$$\varepsilon = \varepsilon^* \times \sigma_T \times \sigma_E \times \sigma_S \tag{4-2}$$

式中，ε^*为植被潜在光能利用率；σ_T为空气温度对植被生长的影响系数；σ_E为大气水汽对植物生长的影响系数；σ_S为土壤水分缺失对植物生长的影响系数（Cao等，2004）。

FPAR用与EVI的线性函数来表达：

$$\mathrm{FPAR} = a \times \mathrm{EVI} \tag{4-3}$$

式中，系数 a 设为 1.0（Xiao 等，2004a，2004b）。

温度对光合作用影响（σ_T）的估算方法很多，本研究采用下式计算（Raich 等，1991）：

$$\sigma_T = \frac{(T - T_{\min})(T - T_{\max})}{(T - T_{\min})(T - T_{\max}) - (T - T_{\mathrm{opt}})^2} \tag{4-4}$$

式中，T 为空气温度；$T_{\min}$，T_{opt} 和 $T_{\max}$ 分别为最低温度、最适温度和最高温度。在模型中 C3 植物的最高温度和最低温度分别为 50℃和 –1℃，C4 植物的最高温度和最低温度分别为 50℃和 0℃，最适温度被定义为生长季多年平均温度。大气水汽对植物生长的影响系数 σ_E 按下式计算：

$$\sigma_E = 1 - 0.05\delta_q \qquad 0 < \delta_q \leqslant 15 \tag{4-5}$$

$$\sigma_E = 0.25\,\delta_q \qquad \delta_q > 15 \tag{4-6}$$

$$\delta_q = Qw(T) - q \tag{4-7}$$

式中，Qw（T）为在指定温度条件下的饱和湿度；q 为当前大气下湿度。

植被和土壤水分缺失对植物生长的影响系数 σ_S 按下式计算：

$$\sigma_S = \frac{1 + \mathrm{LSWI}}{1 + \mathrm{LSWI}_{\max}}, \quad \mathrm{LSWI} = \frac{(\rho_{\mathrm{nir}} - \rho_{\mathrm{swir}})}{(\rho_{\mathrm{nir}} + \rho_{\mathrm{swir}})} \tag{4-8}$$

式中，ρ_{nir} 和 ρ_{swir} 为近红外和短波红外波段的反射率；$\mathrm{LSWI}_{\max}$ 是该区域生长季最大的 LSWI。

本研究中将植物的自养呼吸（R_a）区分为维持性呼吸（R_m）和生长性呼吸（R_g）（Running and Coughlan，1988；Ryan，1990，1991；Chen 等，1999）。

$$R_a = \sum_{i=1}^{3}(R_{m,t} + R_{g,t}) \tag{4-9}$$

式中，i 表示不同的植物器官；i=1、2、3 分别为叶、茎、根。维持性呼吸和温度相关：

$$R_{m,t} = M_i \gamma_{mt} Q_{10}^{(T-T_b)/10} \tag{4-10}$$

$$M_i = \mathrm{VGC} \times r_{a,i} \times (1 - 1/\mathrm{Turnover}) \tag{4-11}$$

式中，M_i 为植物的第 i 器官的生物量，可由碳分配系数（$r_{a,i}$）及碳周转比率（Turnover）得到，分配系数及碳周转比率由 BGC 模型获得，VGC 是植被碳库；γ 是植物器官 i 的维持性呼吸系数；Q_{10} 是温度影响因子；T_b 是积温。

植物的生长性呼吸（R_g）一般认为和温度无关，而只与总初级生产力（GPP）成比例关系，分植被器官（叶、茎、根）给定维持性呼吸系数：

$$R_g = r_g \times \mathrm{GPP} \tag{4-12}$$

式中，r_g 为植物总的生长性呼吸占总生长量的比例，本书采用 Chen（1999）的研究结果取值 0.35。

C3 植物和 C4 植物的光合作用可基于 Collatz 等（1991）的模型。对于 C3 植物来说：

$$\alpha = 0.08\left(\frac{P_i - \Gamma^*}{P_i + 2\Gamma^*}\right) \tag{4-13}$$

式中，α 为量子效率（每 μmol 光子的 $\mu molCO_2$）；P_i 为叶子内部的 CO_2 浓度；Γ^* 为 CO_2 光合补偿点；$\Gamma^* = \frac{O_i}{2\tau}$；$\tau$ 为 CO_2 和 O_2 随植被温度 T_a 而变的 Michaelis-Menten 系数。

根据 Collatz 等（1991）等研究，可表示为 $\tau = 2\,600 \times 0.57^{\left(\frac{T_a - 20}{10}\right)}$。$O_i$ 为 O_2 的浓度，等于 20 900Pa。

C3 植物的光合利用率（ε_{C3}）可由下式求得：

$$\varepsilon_{C3} = 55.2\alpha \tag{4-14}$$

对于 C4 植物来说，光合利用率为一个常数 2.76g・(MJ)$^{-1}$。在 22°C 时，C3 和 C4 植物的光合利用率相等。利用这一特点，该点温度通常被用作计算 C4 植物所占比例 (P_{C4})：

$$P_{C4} = \frac{1}{1 + \exp[-0.5 \times (T_a - 22)]} \tag{4-15}$$

进而，植物潜在光合利用率（ε^*）就可以用下式表示：

$$\varepsilon^* = 2.76P_{C4} + (1 - P_{C4}) \times \varepsilon_{C3} \tag{4-16}$$

$$R_s = (0.198 + 0.787\frac{n}{N})R_{so} \tag{4-17}$$

$$R_{so} = \left(0.75 + 2 \times 10^{-5} h\right) R_a \tag{4-18}$$

$$R_a = \frac{24 \times 60}{\pi} S_0 \cdot d \cdot \left(\omega_0 \sin\varphi \sin\delta + \cos\varphi \cos\delta \sin\omega_0\right) \tag{4-19}$$

其中

$$d = 1 + 0.033\cos\left(\frac{2\pi}{365}J\right) \tag{4-20}$$

$$\delta = 0.409\sin\left(\frac{2\pi}{365}J - 1.39\right) \tag{4-21}$$

$$\omega_0 = \arccos\left(-\tan\varphi \tan\delta\right) \tag{4-22}$$

$$N = \omega_0 \frac{24}{\pi} \tag{4-23}$$

地形、纬度、太阳赤纬等因子的校正系数采用下式计算：

$$\cos i = \sin\delta(\sin\phi\cos\alpha - \cos\phi\sin\alpha\cos\varphi) + \cos\delta\cos h(\cos\phi\cos\alpha + \sin\phi\sin\alpha\cos\varphi) + \cos\delta\sin\alpha\sin\phi\sin h \tag{4-24}$$

式中，h 为太阳高度角对应的地方时时角；h=15×(12 − LST)，LST=GMT logitude/15，GMT 为格林尼治时间；α 为坡度，ϕ 为纬度，φ 为坡向，δ 为太阳赤纬，i 为所处的天数。

4.2 年总辐射现状和变化

4.2.1 年总辐射现状

空间上青海三江源地区年总辐射介于 4 590.58 ～ 5 610.22 MJ · m^{-2}，从东南至西北年总辐射逐渐降低，这是由于东南地区降雨量较大，云遮挡太阳辐射较多；而西北地区降雨量较少，太阳辐射能够直接照到地面。东南部达日县、班玛县和久治县年总辐射较小，西北部治多县、曲麻莱县和唐古拉山乡年总辐射较小（见图 4-1）。

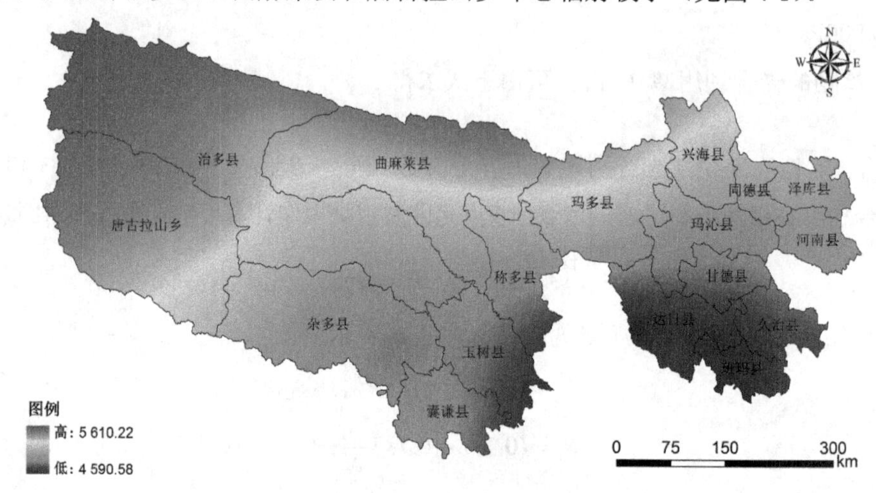

图 4-1 三江源地区总辐射空间格局

三江源地区 13 个气象台站中只有果洛站和玉树站进行了总辐射观测。本研究把果洛站和玉树站观测到的年总辐射值与模拟得到的年总辐射值进行对比，结果显示两者具有极显著相关性（$P < 0.01$），说明本研究总辐射的模拟方法是可行的（见图 4-2，图 4-3）。

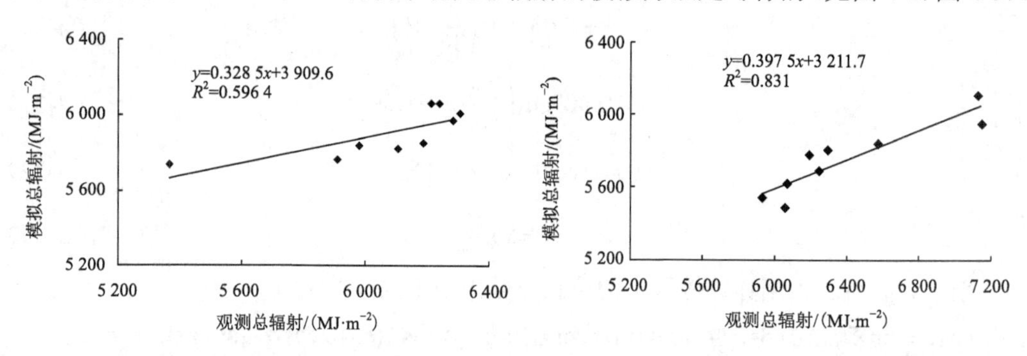

图 4-2 玉树站模拟总辐射和观测总辐射　　图 4-3 果洛站模拟总辐射和观测总辐射

4.2.2 总辐射变化

从空间上看，近 11 年以来，青海三江源大部分地区年总辐射具有下降趋势，只有少数地区年总辐射具有升高趋势，年总辐射变化率介于 -50 ～ 13 MJ · m^{-2} · a^{-1}。年总辐射增加趋势最大的是该区东南部地区，中部地区和西部地区年总辐射下降趋势较大（见图 4-4）。

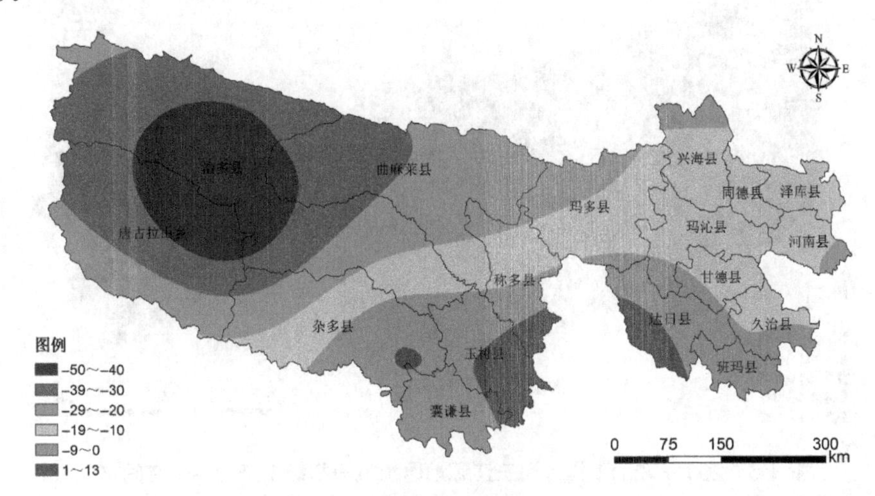

图 4-4　三江源地区总辐射变化率

2001—2011 年青海三江源地区年总辐射具有下降趋势，下降速率为 21.94 MJ · m^{-2} · a^{-1}，但没有达到显著水平。该地区近 11 年年总辐射均值为 5 206.54 MJ · m^{-2}。其中 2003 年总辐射最低，为 4 927.40 MJ · m^{-2}；2002 年总辐射最高，为 5 492.34 MJ · m^{-2}（见图 4-5）。

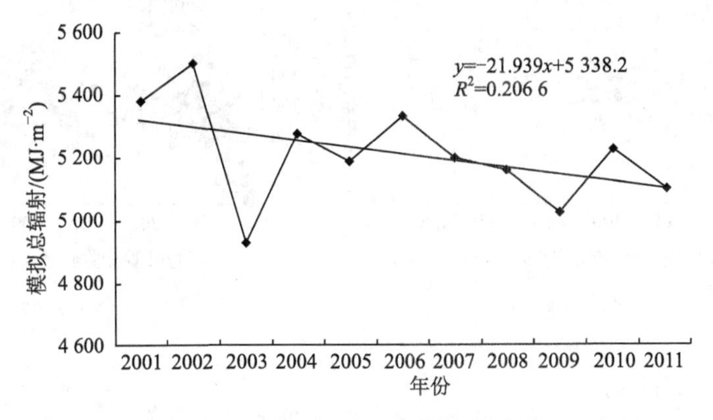

图 4-5　三江源地区总辐射年际变化

4.3 NPP 空间格局现状和变化

4.3.1 NPP 空间格局现状

从空间上看，青海三江源地区从东南至西北 NPP 逐渐降低，这与该地区水热条件和海拔高度变化相一致。其中 NPP（以 C 计）大于 300g · m^{-2} 地区主要分布在东南部的河南县、泽库县以及久治县、班玛县，另外东部地区 NPP 普遍在 150g · m^{-2} 以上，而中部地区 NPP 在 50～300g · m^{-2} 之间分布，西部地区 NPP 普遍低于 50g · m^{-2}（见图 4-6）。

图 4-6　2001—2011 年青海三江源地区植被净初级生产力均值空间格局

利用 2006—2009 年三江源地区近 652 个样方生物量数据与本研究模拟的 NPP 结果进行对比，结果显示各年对比结果均显示出良好的相关关系（$P < 0.001$），说明本研究 NPP 的模拟方法是可行的（见图 4-7）。

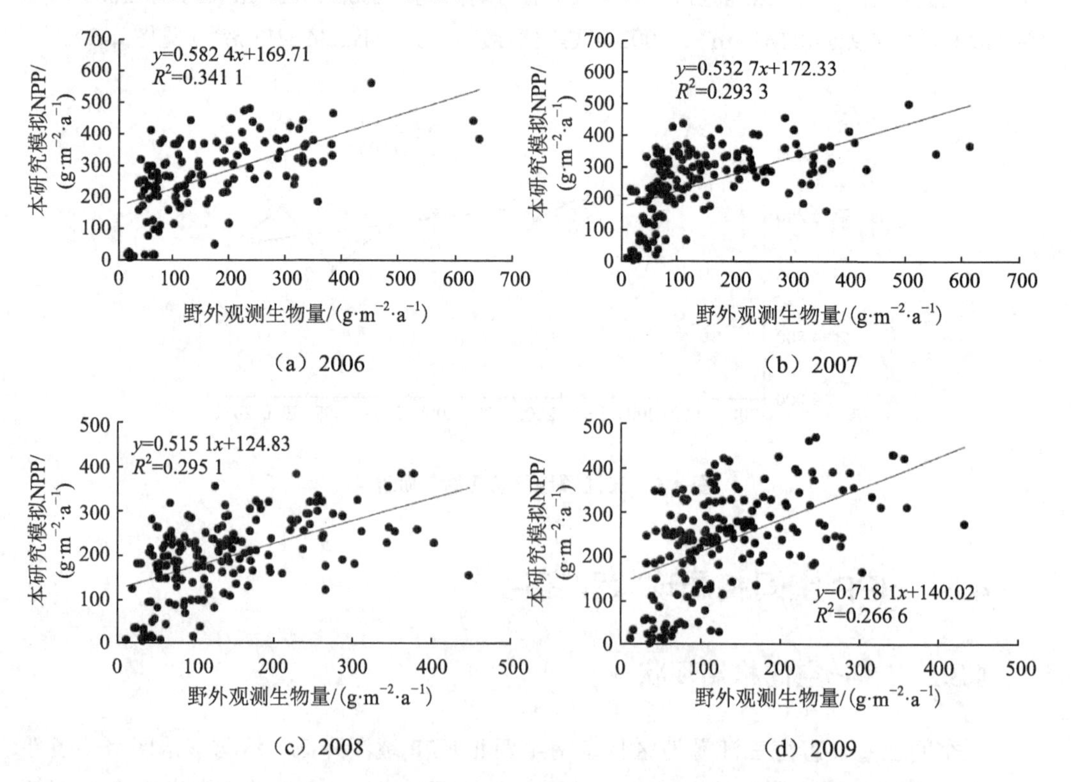

图 4-7　2006—2009 年野外样方生物量与本研究 NPP 模拟结果散点

从表 4-1 中可以看到，NPP 最高的是河南县 347.43 g·m^{-2}，其次为泽库 283.68 g·m^{-2} 和久治县 266.12 g·m^{-2}，这三个县都分布在三江源东部地区。甘德、同德、班玛、玉树、囊谦和玛沁县 NPP 也在 200g·m^{-2} 以上。称多、达日和兴海县 NPP 为 150 ~ 200 g·m^{-2}。中部地区杂多县 NPP 在 100 g·m^{-2} 以上。玛多、曲麻莱、治多县和唐古拉山乡 NPP 较低。

表 4-1　青海三江源各县平均 NPP

县名	NPP/（g·m^{-2}）	县名	NPP/（g·m^{-2}）
河南	347.43	称多	181.40
泽库	283.68	达日	170.15
久治	266.12	兴海	158.20
甘德	249.50	杂多	135.88
同德	243.84	玛多	93.26
班玛	235.82	曲麻莱	91.34
玉树	225.90	治多	66.04
囊谦	222.01	唐古拉山乡	47.88
玛沁	202.02	三江源地区	129.34

4.3.2　NPP 年际变化

从空间看，近 11 年以来，青海三江源大部分地区 NPP 具有增加的趋势，只有东南部湿润区和西部少数高寒荒漠地区 NPP 具有减少趋势。NPP 增加趋势最大的是该区东北部和中部地区，尤其是玛多县。东南部地区和西部地区 NPP 增加趋势较小（见图 4-8）。

图 4-8　2001—2011 年青海三江源地区 NPP 年际变率

2001—2011 年青海三江源地区 NPP 具有增加趋势，但未达到显著水平，增加速率为 1.26 g · m^{-2} · a^{-1}。该地区近 11 年 NPP 均值为 129.30g · m^{-2}。其中 2008 年 NPP 最低，为 105.62 g · m^{-2}，2010 年 NPP 最高，为 165.74g · m^{-2}（见图 4-9）。

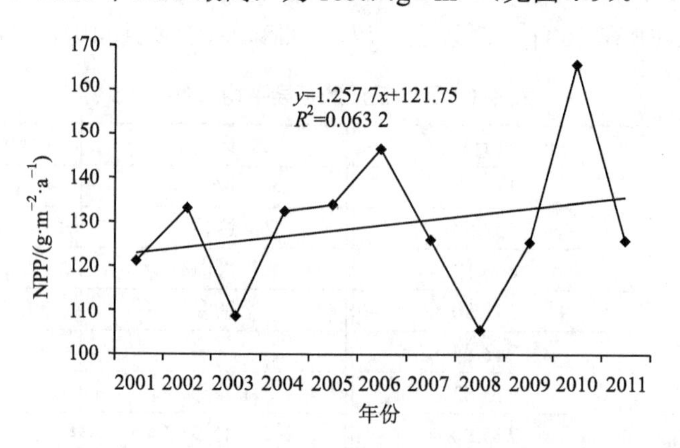

图 4-9　2001—2011 年青海三江源地区 NPP 变化

4.4　本章结论

从空间上看，青海三江源地区年总辐射介于 4 590.58 ～ 5 610.22 MJ · m^{-2} 之间，从东南至西北年总辐射逐渐降低。2001—2011 年青海三江源地区年总辐射具有下降趋势，下降速率为 21.94 MJ · m^{-2} · a^{-1}。

植被净第一性生产力（NPP）直接反映了植被群落在自然环境条件下的生产能力。青海三江源地区从东南至西北 NPP 逐渐降低，这与该地区水热条件和海拔高度变化相一致。2001—2011 年青海三江源地区 NPP 具有增加趋势，但未达到显著水平，增加速率为 1.26 g · m^{-2} · a^{-1}。

第 5 章　三江源地区人类活动强度分析

5.1　土地利用变化分析

国内学者通常利用土地覆被变化动态度指数模型来分析土地利用土地覆被的变化（朱会义，2001，2003），徐新良等将土地覆被变化动态度指数模型应用于三江源地区生态系统格局的变化，分析结果表明近 30 年来三江源地区生态系统格局稳定少动，生态系统类型变化相对缓慢（徐新良，2008）。但动态度仅能反映土地覆被类型之间的转换，不能说明生态状况转好还是转差。为了研究青海三江源地区近 30 年来在气候变化和人类活动的影响下土地覆被变化的时空发展规律及其反映的生态状况变化，本研究提出了土地覆被转类指数和土地覆被状况指数的概念及计算方法，并利用该区 4 期土地覆被类型数据集，通过计算土地覆被转类途径和幅度、土地覆被转类指数和土地覆被状况指数，分析了青海三江源地区土地覆被时空变化特征及其反映的生态状况变化，从而对 20 世纪 70 年代以来该地区土地覆被变化和生态状况变化取得全面客观的科学认识（见图 5-1）。

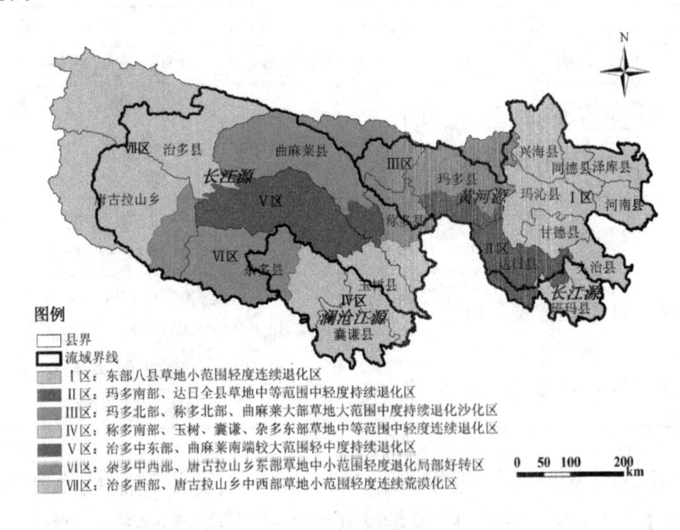

图 5-1　青海三江源地区草地退化格局与流域及行政分区

5.1.1 数据与方法

本研究运用美国陆地卫星 Landsat 20 世纪 70 年代中后期 MSS 图像（时相为 1977 年夏季）和 80 年代末、2004 年以及 2008 年三期 TM 图像（时相分别为 1990、1991 和 1992 年夏季，2003、2004、2005 年夏季，2008 年夏季），根据刘纪远等（2000，2002，2005）提出的中国土地利用 / 土地覆被遥感分类系统，结合野外调查，运用人机交互的解译方法生成青海三江源地区 70 年代中后期、80 年代末、2004 年和 2008 年四期 1：10 万土地覆被矢量数据（Liu 等，2005）。2007 年国家颁布了《土地利用现状分类》（GB/T 21010—2007），并且第二次全国土地调查采用该标准。该标准中人类活动对土地的利用方式的分类十分详尽，有利于我国土地利用管理。刘纪远等的中国土地利用 / 土地覆被遥感分类系统，在反映人类活动对土地利用影响的同时，兼顾了土地覆被的自然属性及其差异。在两个分类系统中，耕地和林地的分类相近，而草地和建设用地分类差异较大。本研究重点刻画土地覆被自然状态及其变化过程，因此采用刘纪远等的分类系统。

利用 ArcGIS 软件将三江源地区四期土地覆被矢量数据生成 100×100m 栅格数据，进一步可得到三江源地区 20 世纪 70 年代中后期至 80 年代末（图表中简称 7090）、80 年代末至 2004 年（图表中简称 9004）和 2004—2008 年（图表中简称 0408）土地覆被类型变化数据，然后分别叠加三江源地区县级政区图、三江源地区退化分区图和长江、黄河、澜沧江三大流域界线进行分析。三大流域界线是通过从数字化后的 1：10 万地形图等高线提取得到。根据土地覆被类型反映的生态系统功能状况，对土地覆被类型归并调整为 10 类（见表 5-1）进行统计分析。

表 5-1　青海三江源地区土地覆被类型对照

编码	名称	编号	编码	名称	编号
10	耕地	12 旱地	33	低覆盖草地	33 低覆盖草地
20	林地	21 有林地、23 疏林地、24 其他林地	40	水体与沼泽	41 河渠、42 湖泊、43 水库坑塘、44 永久冰川雪地、46 滩地、64 沼泽地
22	灌丛	22 灌木林	50	居民地	51 城镇用地、52 农村居民点、53 其他建设用地
31	高覆盖草地	31 高覆盖度草地	60	沙地、戈壁与裸地	61 沙地、62 戈壁、63 盐碱地、65 裸土地、66 裸岩石质地
32	中覆盖草地	32 中覆盖度草地	67	荒漠	67 其他未利用土地，包括高寒荒漠、苔原等

本书首先采用转移矩阵法（王根绪，2004），利用基于转移概率的随机模型，直观揭示近 30 年来三江源地区不同土地覆被类型的转类途径和幅度。然后利用土地覆被状况指数和转类指数来定量表征土地覆被转好和转差程度。

（1）土地覆被状况指数

本研究定义林地、灌丛、高覆盖草地、水体与沼泽（含永久冰川积雪和湿地）四种较好的土地覆被类型面积之和的百分比例为土地覆被状况指数，来衡量研究区土地覆被状况及其反映的生态系统综合功能（陈浩，2009）。土地覆被状况指数越高，表示生态系统服务功能越强，支持功能和调节功能也越高。不同时期土地覆被状况指数的变化可以反映生态系统变化状况，土地覆被状况指数用以下公式计算：

$$Z = (\sum_{i}^{4} C_i / A) \times 100\% \tag{5-1}$$

式中，Z 表示土地覆被状况指数，C_i 表示林地、灌丛、高覆盖草地、水域和沼泽面积，（i=1，…，4）代表林地、灌丛、高覆盖草地、水域和沼泽 4 种土地覆被类型，A 表示计算区域总面积。

土地覆被状况指数变化率用以下公式计算：

$$Z_c = \frac{(Z_2 - Z_1)}{Z_1} \times 100\% \tag{5-2}$$

式中，Z_1 表示前期土地覆被状况指数，Z_2 表示后期土地覆被状况指数。Z_c 表示土地覆被状况指数变化率，值为正，表示土地覆被状况变好；值为负，表示土地覆被状况变差。定义土地覆被状况指数等级：指数 1 ～ 20 为 5 级，21 ～ 40 为 4 级，41 ～ 60 为 3 级，61 ～ 80 为 2 级，80 ～ 100 为 1 级。土地覆被状况指数等级越接近 1，反映土地覆被状况越好，生态系统综合功能越高。

（2）土地覆被转类指数

本研究按照各种土地覆被类型的自然禀赋和在转类后生态综合功能的升降，对表 5-1 中定义的 10 种土地覆被类型按照一定的生态意义定级，并去除受人类活动影响变化较剧烈且面积较小的耕地 10 和居民地 50，得到 8 种土地覆被类型的生态级别（见表 5-2）。土地覆被类型越接近 1 级，表示该覆被类型的生态综合功能越高。

表 5-2　本研究定义的土地覆被类型生态级别

土地覆盖类型	水体与沼泽	林地	灌丛	高覆盖草地	中覆盖草地	低覆盖草地	荒漠	沙地、戈壁与裸地
生态级别 D	1 级	2 级	3 级	4 级	5 级	6 级	7 级	8 级

对土地覆被类型定级后，我们进行土地覆被类型变化前后生态级别相减，结果为正值表示土地覆被类型转好，反之则表示土地覆被类型转差。并进一步定义土地覆被转类指数（Land Cover Chang Index，LCCI）：

$$\mathrm{LCCI} = \frac{\sum_{k}^{n}\left[A_k \times (D_a - D_b)\right]}{A} \times 100\% \tag{5-3}$$

式中，LCCI 为土地覆被转类指数，表示土地覆被类型，A_k（k =1,…, n）为土地覆被一次转类的面积，A 为某分析区域总面积。D_a 为转类前级别，D_b 为转类后级别。L 值为正，表示区域土地覆被状况及宏观生态状况转好；值为负，表示区域土地覆被状况和宏观生态状况转差。

5.1.2 土地覆被现状

青海三江源地区 2008 年土地覆被类型以草地为主（见图 5-2），主要类型为高寒草甸和高寒草原。草地面积占该区总面积 65.44%，其中低覆盖草地面积最大占 26.58%，其次为高覆盖草地占 24.86%，中覆盖草地面积最小占 14.00%。覆被面积较大的类型为沙地、戈壁和裸地，占青海三江源地区的 15.89%；水体与沼泽占 8.42%，高寒荒漠占 5.28%，灌丛占 4.17%。土地覆被类型面积最小的为林地、居民地和耕地，三者之和仅仅占三江源地区总面积的 0.81%。

图 5-2 2008 年三江源地区土地覆被类型分布

5.1.3 土地覆被转类途径与幅度

三江源地区 1970s 中后期—1990s 初（简称 7090）时段，土地覆被转类主要途径是林地转草地，以及中覆盖草地转为低覆盖草地，高覆盖草地转为中覆盖草地。其中，林地转为高覆盖草地和低覆盖草地的幅度分别为 1.04% 和 1.29%，中覆盖草地转为低覆盖草地的幅度为 1.84%，高覆盖草地转为中覆盖草地的幅度为 0.85%。其他土地覆被类型变化面积比例非常小，都在 0.5% 以内。总体上 7090 时段三江源地区土地覆被转类主要以高生态级别向低生态级别转移为主（见表 5-3）。

表 5-3　三江源地区 7090 时段土地覆被转类途径和幅度

7090 时段转类比例 / %	水体与沼泽	林地	灌丛	高覆盖草地	中覆盖草地	低覆盖草地	荒漠	沙地、戈壁与裸地
水体与沼泽	99.25	0	0.02	0.29	0.12	0.13	0.11	0.09
林地	0	97.63	0	1.04	0.04	1.29	0	0
灌丛	0	0	99.89	0.03	0.05	0.02	0	0
高覆盖草地	0.02	0	0	98.85	0.85	0.19	0	0
中覆盖草地	0.02	0	0	0.42	97.37	1.84	0	0.01
低覆盖草地	0.04	0.01	0	0.05	0.43	99.28	0	0.18
荒漠	0.04	0	0	0	0	0	99.96	0
沙地、戈壁与裸地	0.01	0	0	0.01	0.03	0.2	0	99.75

三江源地区 1990s 初—2004 年（简称 9004）时段，土地覆被转类主要转类途径是中覆盖草地转为低覆盖草地（幅度为 2.13%），高覆盖草地转为中覆盖草地（幅度为 0.75%），低覆盖草地转为沙地、戈壁与裸地（幅度为 1.18%）。其他土地覆被类型变化面积比例非常小，都在 0.5% 以内。总体上 9004 时段三江源地区土地覆被以草地覆盖度下降、低覆盖草地转变为沙地、戈壁和裸地为主要转变形式，也是主要以高生态级别向低生态级别转移为主，并且较 7090 时段转类幅度大（见表 5-4）。

表 5-4　三江源地区 9004 时段土地覆被转类途径和幅度

9004 时段转类比例 / %	水体与沼泽	林地	灌丛	高覆盖草地	中覆盖草地	低覆盖草地	荒漠	沙地、戈壁与裸地
水体与沼泽	99.04	0	0	0.35	0.14	0.33	0	0.13
林地	0	99.52	0.01	0.1	0.03	0.34	0	0
灌丛	0	0	99.95	0.02	0.01	0.01	0	0
高覆盖草地	0.01	0	0	98.64	0.75	0.27	0	0.02
中覆盖草地	0.01	0	0	0.08	97.56	2.13	0	0.08
低覆盖草地	0.01	0	0	0.02	0.02	98.75	0.01	1.18
荒漠	0.22	0	0	0	0	0	99.78	0
沙地、戈壁与裸地	0.01	0	0	0	0	0.06	0.29	99.64

三江源地区 2004—2008 年（简称 0408）时段，由于时间较短（4 年），土地覆被转类幅度较前两个时段小，主要转类途径是沙地、戈壁与裸地转为低覆盖草地（幅度为 0.40%，见表 5-5），中覆盖草地转为高覆盖草地（幅度为 0.12%），低覆盖草地转为中覆盖草地和水体与沼泽（幅度分别为 0.08% 和 0.05%）。其他土地覆被类型变化面积

比例非常小，都在0.05%以内。总体上，0408时段，三江源地区土地覆被变化主要以低生态级别向高生态级别转移为主，草地覆盖度增加明显，水体与沼泽的面积增大。

表5-5　三江源地区0408时段土地覆被转类途径和幅度

0408时段转类比例/%	水体与沼泽	林地	灌丛	高覆盖草地	中覆盖草地	低覆盖草地	荒漠	沙地、戈壁与裸地
水体与沼泽	99.96	0	0	0	0.01	0.02	0	0
林地	0	100	0	0	0	0	0	0
灌丛	0	0	99.95	0.04	0.01	0	0	0
高覆盖草地	0	0	0	99.91	0.05	0.03	0	0
中覆盖草地	0.01	0	0	0.12	99.84	0.02	0	0
低覆盖草地	0.05	0	0	0.02	0.08	99.85	0	0
荒漠	0.09	0	0	0	0	0	99.91	0
沙地、戈壁与裸地	0.03	0	0	0.01	0	0.4	0	99.56

5.1.4　土地覆被状况指数

土地覆被状况指数是林地、灌丛、高覆盖草地、水体与沼泽4种土地覆被类型面积之和与区域总面积的百分比例，可以定量表征土地覆被状况的好差及生态系统综合功能的高低。

三江源地区近30年平均土地覆被状况指数为38.20，土地覆被状况为4级（见表5-6）。按行政区划，有11个县土地覆被状况好于三江源地区平均状况。其中土地覆被状况指数最高的为河南县，土地覆被状况为1级；甘德、班玛、泽库、囊谦、玛沁5个县土地覆被状况为2级；同德、久治、玉树、称多、兴海4个县土地覆被状况为3级。有6个县（乡）土地覆被状况差于三江源地区平均状况，分别为杂多、玛多、达日、曲麻莱、治多县和唐古拉山乡，其土地覆被状况都为4级，其中唐古拉山乡土地覆被状况最差。

按草地退化分区（见图5-1），I区、IV区和II区土地覆被状况好于三江源地区平均状况，Ⅵ区、Ⅴ区、Ⅲ区和Ⅶ区土地覆被状况差于三江源地区平均状况；其中，土地覆被状况指数最高的是I区，土地覆被状况为2级；IV区和II区土地覆被状况为3级。土地覆被状况指数最低的为VII区，土地覆被状况为5级；Ⅵ区、Ⅴ区和Ⅲ区土地覆被状况为4级。

按流域，黄河流域土地覆被状况指数最高，土地覆被状况为3级，其次为澜沧江流域，土地覆被状况也为3级，长江流域土地覆被状况指数最低，土地覆被状况为4级。

表 5-6　三江源地区近 30 年各分区平均土地覆被状况指数

县名	土地覆被状况指数	县名	土地覆被状况指数	草地退化分区	土地覆被状况指数	流域	土地覆被状况指数
河南县	81.13	称多县	52.40	Ⅰ区	63.33	黄河流域	51.79
甘德县	73.70	兴海县	49.52	Ⅳ区	53.11	澜沧江流域	49.72
班玛县	72.53	杂多县	37.73	Ⅱ区	40.78	长江流域	33.45
泽库县	64.09	玛多县	37.32	Ⅵ区	36.48		
囊谦县	63.49	达日县	35.23	Ⅴ区	36.31		
玛沁县	63.14	曲麻莱县	26.91	Ⅲ区	30.32		
同德县	59.49	治多县	26.45	Ⅶ区	19.81		
久治县	55.01	唐古拉山乡	20.30				
玉树县	54.96	三江源地区	38.20				

近 30 年青海三江源地区土地覆被状况指数总体上经历了一个下降（7090 时段）—显著下降（9004 时段）—略有上升（0408 时段）的变化过程。近 4 年土地覆被状况指数上升主要与降水增加和生态建设工程的实施有关。按行政区划统计（见图 5-3），7090 时段有 12 个县土地覆被状况指数下降，其中下降程度最大的为达日县，较大的有甘德县、玛多县、同德县、泽库县、班玛县、玛沁县；有 5 个县（乡）土地覆被状况指数上升，但上升程度非常小，其中上升程度最大的为囊谦县。9004 时段有 16 个县土地覆被状况指数下降，下降程度最大的为同德县，较大的有达日县、称多县、玛多县、囊谦县、久治县和兴海县；只有唐古拉山乡土地覆被状况指数略有升高。0408 时段有 9 个县土地覆被状况指数下降，但下降程度非常小，下降程度最大的为称多县；有 8 个县（乡）土地覆被状况指数上升，上升程度最大的为同德县。

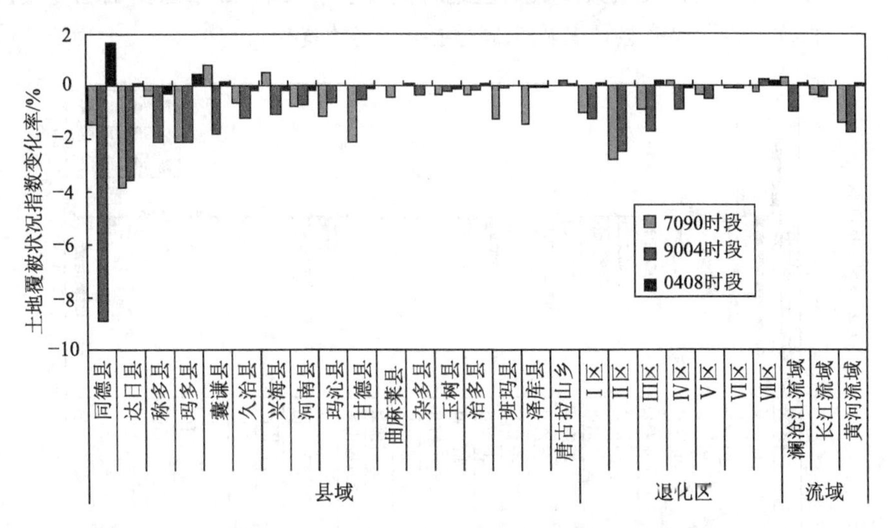

图 5-3　三江源地区各县、各退化分区和各流域在各时段土地覆被状况指数变化率

按草地退化分区统计结果显示，7090 时段有 6 个分区土地覆被状况指数下降，其

中下降程度最大的为II区，只有IV区土地覆被状况指数上升。9004时段7个分区土地覆被状况指数均下降，下降程度最大仍然为II区，下降程度较大为III区和I区。0408时段土地覆被状况指数下降的退化分区只有2个，而且下降程度非常小，分别为IV区和V区；其余5个土地覆被状况指数上升的分区中III区和VII区上升程度较大。

按流域统计结果显示，7090时段黄河流域土地覆被状况指数下降程度较大，长江流域次之，只有澜沧江流域土地覆被状况指数上升。9004时段三大流域土地覆被状况指数均下降，其中黄河流域下降程度最大，其次为澜沧江流域，长江流域土地覆被状况指数下降程度较小。0408时段只有长江流域土地覆被状况指数略有下降，黄河流域和澜沧江流域土地覆被状况指数略有上升。

5.1.5 土地覆被转类指数

土地覆被转类指数能够定量表征区域土地覆盖与宏观生态状况转好和转差的程度：指数为负值表示土地覆盖与宏观生态状况转差，且绝对值越大，转差程度越大；反之，指数为正值表示土地覆盖与宏观生态状况转好，且值越大，转好程度高。按行政区划统计分析表明，7090时段有12个县土地覆盖指数为负值（见图5-4），其中绝对值最大的为久治县，其次为达日县、泽库县、甘德县、玛多县、班玛县、河南县；土地覆被转类指数为正的有兴海县、囊谦县、杂多县、班玛县、唐古拉山乡5个县（乡），其中最大的为兴海县。9004时段有16个县土地覆被转类指数为负值，其中绝对值最大的为玛多县，其次为称多县、兴海县、达日县、囊谦县、曲麻莱县、玛沁县；只有唐古拉山乡土地覆被转类指数为正，且较小。0408时段只有兴海县、甘德县、久治县、河南县、玉树县5个县土地覆被转类指数为负，但绝对值较小；其他12个县乡土地覆被转类指数为正，其中最大的为玛多县，其次为同德县，其余均较小。

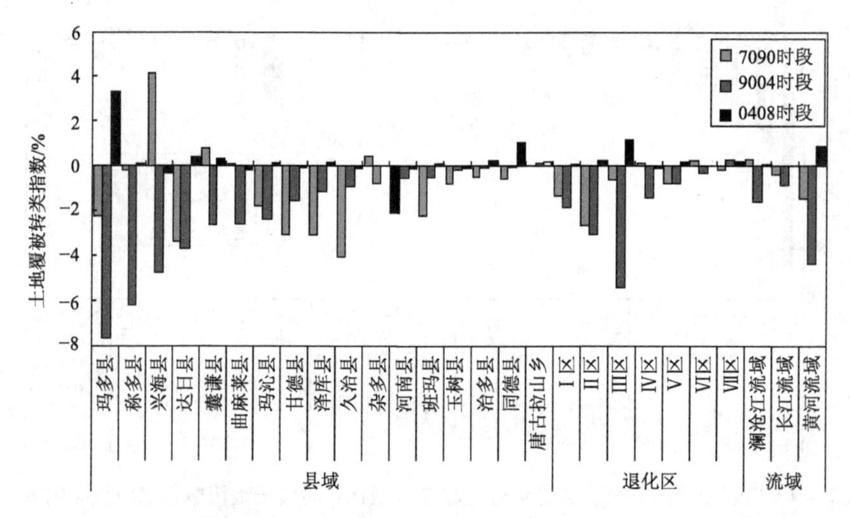

图5-4 三江源地区各县、各退化分区和各流域在各时段土地覆被转类指数

按草地退化分区统计分析显示，7090 时段有 5 个分区土地覆被转类指数为负，其中绝对值最大的为 II 区，其次为 I 区；有 2 个分区土地覆被转类指数为正，但较小。9004 时段有 6 个分区土地覆被转类指数为负，其中绝对值最大的为 III 区，其次为 II 区、I 区和 IV 区；只有 VII 区土地覆被转类指数为正，且较小。0408 时段 7 个分区土地覆被转类指数均为正，其中最大的为 III 区。

按流域统计分析显示，7090 时段黄河流域土地覆被转类指数为负，且绝对值最大，长江流域土地覆被转类指数也为负，但绝对值较小，澜沧江流域土地覆被转类指数为正，但值较小。9004 时段三大流域土地覆被转类指数均为负值，其中绝对值黄河流域最大，其次为澜沧江流域，长江流域最小。0408 时段三大流域土地覆被均为正，但值黄河流域最大，其次为澜沧江流域，长江流域最小。

5.1.6　土地利用变化驱动力分析

本研究发现，近 30 年来三江源地区土地覆被和宏观生态状况，1970s 中后期—1990s 初时段内变差，1990s 初—2004 年显著变差，2004—2008 年略有好转。为此，我们结合气候、畜牧和生态建设三方面的数据，对于该时段三江源地区土地覆被和宏观生态状况变化的驱动力进行了初步分析。

从图 5-5 中可以知道，1975—2007 年三江源地区年平均温度上升趋势明显，倾斜率为 0.429℃ ·（10a）$^{-1}$，其中，1975—2004 年的增温倾斜率为 0.339℃ ·（10a）$^{-1}$，说明 2004 年以来增温更为明显。从图 5-6 中可以看出，1975—2007 年，三江源地区年降水量总体呈下降趋势，倾斜率为 –4.3mm ·（10a）$^{-1}$；1975—2004 年，三江源地区年降水量下降趋势明显，倾斜率为 –12.4mm ·（10a）$^{-1}$，其中 1989—2004 年的年降水量下降最为明显。本研究用功率普计算降水周期，三江源地区澜沧江流域、长江流域和黄河流域分别存在 2 ～ 3 年，5 ～ 6 年，7 ～ 11 年的周期。2004 年以来，三江源地区年降水量增加，结合其他气象资料分析和已有的研究成果，本研究认为自 2004 年以来三江源地区进入了一个暖湿周期，有利于生态系统的恢复。

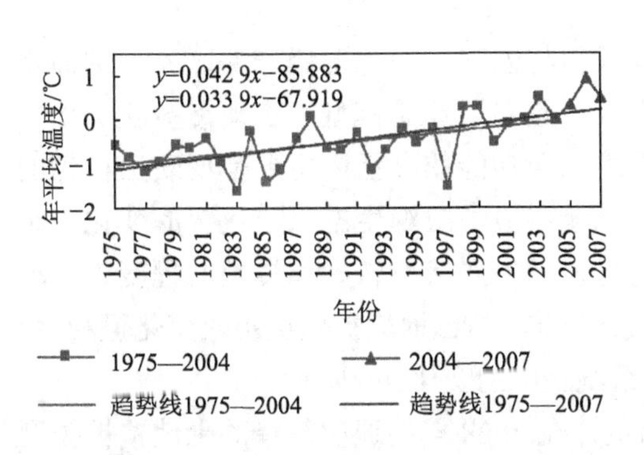

图 5-5　1975—2007 年年平均温度变化

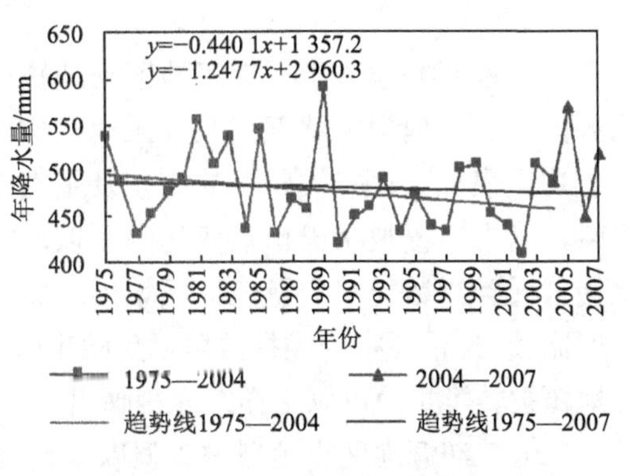

图 5-6　1975—2007 年年降水量变化

从图 5-7 中可以知道，1970s 中期载畜压力最大，牲畜存栏数高达 2 500 万羊单位，由于生态系统难以承受而自然减畜，1990 年降为 2 000 万羊单位，1989 年因自然灾害再次减畜，降到了 1 500 万羊单位。但据测算，自 1988 年以来的三江源地区草地理论载畜量平均约为 900 万羊单位（Fan，2009）。

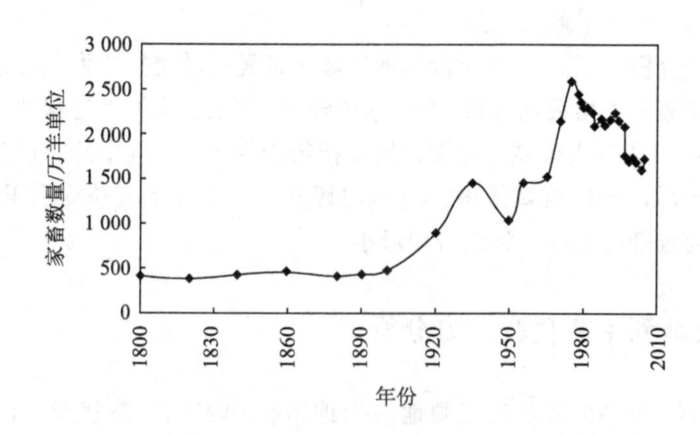

图 5-7　三江源地区家畜存栏数历年变化（Fan，2009）

2004 年区域生态建设工程实施以来，三江源地区生态系统变化的驱动因素在原有的气候与载畜压力基础上又叠加了以下三方面的因素。其一，气候变化和人工增雨导致区域降水量增加，使得植被生产力提高，草地的理论载畜量有所增加；其二，生态移民与减畜工作使得三江源地区的家畜数量明显减少，草地现实载畜量明显下降；其三，退化草地的治理和恢复工程的实施，尤其是工程在玛多等沙化严重的黄河流域地区的重点开展，使得治理区生态状况明显好转。

综上所述，结合气候、畜牧和生态建设三方面的数据分析，可以初步认为，近 30 年来三江源地区土地覆被和宏观生态状况的变化过程前、中期主要受到气候变化和草地载畜压力共同驱动的影响，后期则叠加了生态建设工程的驱动作用。

5.1.7　结论

（1）本研究建立了三江源地区土地覆被类型与宏观生态状况级别的联系，进而提出并定义了土地覆被状况指数和土地转类指数，建立了计算模型。土地覆被状况指数可以定量表征土地覆被状况的好差及生态系统综合功能的高低，主要是反映出自然的禀赋，而土地覆被状况指数变化则可以反映土地覆被与宏观生态系统状况的变化。土地覆被转类指数能够定量表征区域土地覆盖与宏观生态状况转好和转差的程度。与动态度比较，土地覆被转类指数可以反映出转类的方向，与土地覆被状况指数变化值相比，土地覆被转类指数可以更详细地刻画出生态系统状况的变化。

（2）三江源地区土地覆被类型以草地为主，在 2008 年的遥感解译的土地覆被类型图中，草地面积占该区总面积 65.44%。三江源地区土地覆被转类，在 1970s—1990s 和

1990s—2004 年两个时段，均主要以高生态级别向低生态级别转移为主，并且后一时段较前一时段转类幅度更大；2004—2008 年时段，三江源地区土地覆被变化主要以低生态级别向高生态级别转移为主，草地覆盖度增加明显，水体与沼泽的面积增大。

（3）三江源地区近 30 年平均土地覆被状况指数为 38.20，土地覆被状况为 4 级。按行政区划，分布在中东部的 11 个县土地覆被状况好于三江源地区平均状况，其中，河南县土地覆被状况最好。按草地退化分区，分布在东南部的 I 区、IV 区和 II 区土地覆被状况好于三江源地区平均状况。按流域统计分析显示，土地覆被状况黄河流域最好，其次为澜沧江流域，长江流域最差。

（4）由土地覆被状况指数变化率和土地覆被转类指数，可以反映出近 30 年来三江源地区土地覆被和宏观生态状况，总体上经历了变差（7090 时段 Z_c 为 -0.63，LCCI 为 -0.58）—显著变差（9004 时段 Z_c 为 -0.94，LCCI 为 -1.76）—略有好转（0408 时段 Z_c 为 0.06，LCCI 为 0.33）的变化过程。

（5）按草地退化分区，1970s 中后期—1990s 初，由土地覆被状况指数变化率和土地覆被转类指数反映土地覆被和宏观生态状况变差的分别有 6 个和 5 个分区，二者均反映出 II 区变差最为明显（Z_c 为 -2.84，LCCI 为 -2.67），以及 IV 区略有好转（Z_c 为 0.22，LCCI 为 0.10），2 个指标反映 VI 区的结果相反，前者反映变差，后者反映略有好转，主要是后者考虑了高中低覆盖度草地的转类。1990s 初—2004 年，2 个指标反映土地覆被和宏观生态状况变差的分别有 7 个和 6 个分区；前者反映变差最为明显的为 II 区（Z_c 为 -2.51），后者反映变差最为明显的为 III 区（LCCI 为 -5.39）；2 个指标反映 VII 区的结果相反，前者反映变差，后者反映略有好转。2004—2008 年，2 个指标反映土地覆被和宏观生态状况变差的分别有 2 个和 0 个分区，好转的分别为 5 个和 7 个分区；前者反映好转最明显的是 II 区（Z_c 为 0.18，），后者反映好转最明显的是 III 区（LCCI 为 1.14）；2 个指标反映 IV 和 V 区的结果相反，前者反映变差，后者反映略有好转。

（6）按流域，1970s 中后期—1990s 初，由土地覆被状况指数变化率和土地覆被转类指数均反映黄河流域和长江流域土地覆被和宏观生态状况变差，其中黄河流域最为显著（Z_c 为 -1.38，LCCI 为 -1.45），均反映澜沧江流域略有好转（Z_c 为 0.36，LCCI 为 0.33）。1990s—2004 年，2 个指标反映三大流域土地覆被和宏观生态状况均转差，其中黄河流域最为明显（Z_c 为 -1.71，LCCI 为 -4.35）；2004—2008 年，土地覆被状况指数变化率反映黄河流域和澜沧江流域好转，好转最为明显是黄河流域（Z_c 为 0.11），长江流域数仍略有转差；土地覆被转类指数反映 3 个流域均好转，好转最为明显是黄河流域（LCCI 为 0.88）。

5.2　三江源地区草地产草量变化

草地生态系统是三江源地区主体生态系统类型，草地畜牧业是三江源地区的主导产业（樊江文，2010）。

目前由于当地牧民不合理的开发利用，如超载过牧、滥采黄金等，已经造成该地区草地退化严重。本研究分析2001—2011年青海三江源地区草地产草量变化，探讨导致该变化的气候因素和人类活动驱动机制，从一个方面反映该地区生态保护和建设成效。

5.2.1 数据和方法

草地产草量通过NPP计算，可通过各类草地植被地下部分生产力和地上部分生产力的比值估算草地产草量：

$$NPP=ANPP+BNPP \tag{5-4}$$

式中，ANPP为植被地上部分生产力；BNPP为植被地下部分生产力。因此：

$$GY = NPP / [1+(BNPP / ANPP)] \tag{5-5}$$

式中，GY为草地产草量。

BNPP的计算采用了Gill等2002年提出的草地植被地下生产力计算方法：

$$BNPP = BGB \times (live\ BGB/BGB) \times Turnover \tag{5-6}$$

$$Turnover=0.000\,9\,(g \cdot m^{-2}) \times ANPP+0.25 \tag{5-7}$$

式中，BGB为草地植被地下部分（根系）生物量；live BGB/BGB为活根系生物量占总根系生物量的比例，本研究取值0.79；Turnover为草地植物根系周转值。BGB和ANPP采用三江源地区地下生物量和地上生产力的实测数据。

5.2.2 草地产草量空间格局

青海三江源地区草地产草量空间格局与NPP基本一致。2001—2011年青海三江源地区从东南至西北产草量逐渐降低，东南部的河南县、泽库县以及久治县产草量较高，西北部的治多、曲麻莱和唐古拉山乡产草量较低。中部玛多县产草量也较低。东部地区产草量较高，其次为中部地区，西部地区产草量最低（见图5-8）。

图5-8 2001—2011年青海三江源地区草地产草量均值空间格局

2001—2011 年青海三江源地区治多县、杂多县和曲麻莱县草地产草量最高，均达到 200×10^4t 以上，这是由于这三个县草地面积比较大。玛多、河南、唐古拉山乡、囊谦、称多和玉树县产草量也在 100×10^4t 以上。久治、玛沁、泽库、兴海、甘德和班玛县草地产草量较低，草地产草量最低的是同德县，仅有 45.25×10^4t（见表 5-7）。

表 5-7　2001—2011 年青海三江源各县产草量均值

县名	产草量 /10^4t	县名	产草量 /10^4t
同德	45.25	河南	108.56
班玛	57.36	唐古拉山乡	123.22
甘德	73.73	囊谦	125.61
兴海	78.46	称多	129.15
泽库	93.83	玉树	157.66
玛沁	94.88	曲麻莱	208.17
久治	96.13	杂多	218.57
玛多	107.32	治多	249.09
达日	107.34	三江源	2 074.33

5.2.3　草地产草量年际变化

从空间看，近 11 年以来，青海三江源大部分地区草地产草量具有增加的趋势，只有东南部湿润区和西部少数高寒荒漠地区草地产草量具有减少趋势。三江源地区草地产草量增加趋势最大的是该区东北部和中部地区，尤其是玛多县。东南部地区和西部地区草地产草量增加趋势较小（见图 5-9）。

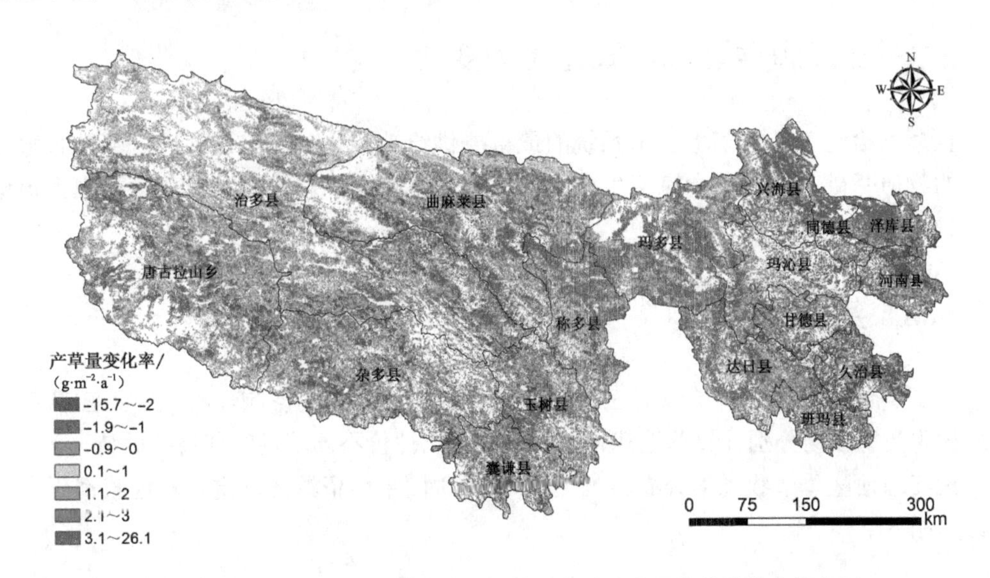

图 5-9　2001—2011 年青海三江源地区草地产草量变化趋势空间格局

青海三江源地区近11年来产草量具有增加趋势，但未达到显著水平，增加速率为0.93g · m^{-2} · a^{-1}。该地区近11年产草量均值为88.18 g · m^{-2}。2008年产草量最低，为71.99 g · m^{-2}。2010年产草量最高，为113.56g · m^{-2}（见图5-10）。

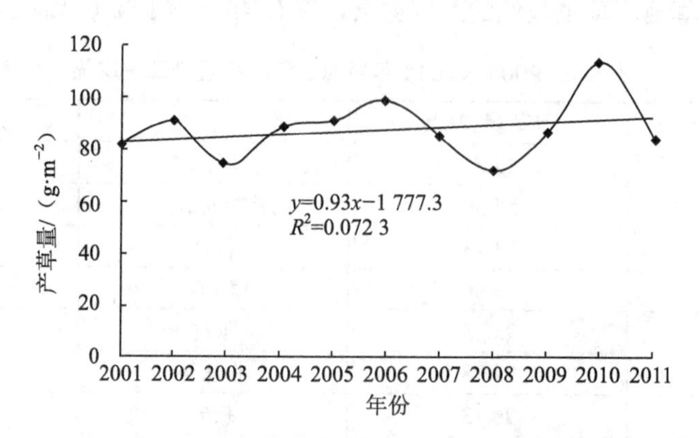

图5-10　2001—2011年青海三江源地区产草量变化

5.2.4　结论

草地畜牧业是三江源地区的主导产业。青海三江源地区草地产草量空间格局与NPP基本一致。2001—2011年青海三江源地区从东南至西北产草量逐渐降低，青海三江源地区近11年来产草量具有增加趋势，但未达到显著水平，增加速率为0.93g · m^{-2} · a^{-1}；大部分地区草地产草量具有增加的趋势，只有东南部湿润区和西部少数高寒荒漠地区草地产草量具有减少趋势。

5.3　三江源地区草地载畜压力变化

牧草供给是三江源草地生态系统的最重要供给功能之一，它是该地区草地畜牧业生产的物质基础，通过草食家畜生产为人类提供直接福利。同时，牧草供给也为该地区大量的野生动物提供了基本的生存条件。

5.3.1　数据和方法

为了综合分析和评价放牧对三江源地区草地生态系统的影响，我们对三江源冬春和夏秋季两季牧场分别计算草地载畜压力指数，以评价不同草场的草畜矛盾特征。

三江源地区季节牧场的分布根据1∶100万中国草地资源图确定。草地载畜压力指数计算如下：

$$I_p = \frac{C_s}{C_l} \qquad (5\text{-}8)$$

式中，I_p 为草地载畜压力指数；C_s 为草地现实载畜量；C_l 为草地理论载畜量。

$$C_s = \frac{C_n \times (1 + C_h) \times G_t}{A_r \times 365} \tag{5-9}$$

式中，C_s 为草地现实载畜量，即单位面积草地实际承载的羊单位数量（标准羊单位 / 亩）；C_n 为年末家畜存栏数，按羊单位计算，大家畜（牦牛、马匹）按 4.5 个羊单位计算，其数据来源于青海省统计年鉴的资料；C_h 为家畜出栏率，根据三江源的实际情况，按 30% 计算；A_r 为草地面积（亩）；G_t 为草地放牧时间，根据三江源的实际情况，家畜在冬场放牧时间按 210 天计算，在夏场放牧时间按 155 天计算。

$$C_l = \frac{Y_m \times U_t \times C_o \times H_a}{S_f \times D_f \times G_t} \tag{5-10}$$

式中，C_l 为草地理论载畜量；即单位面积草地可承载的羊单位（标准羊单位 / 亩）；Y_m 为草地单位面积草地的产草量（kg/ 亩）；U_t 为牧草利用率，根据三江源草地的实际情况，按 70% 计算；C_o 为草地可利用率，根据三江源草地的实际情况，按 91.45% 计算；H_a 为草地可食牧草比率，根据三江源草地的实际情况，草地可食牧草产量按占产草量的 80% 计算；S_f 为一个羊单位家畜的日食量，根据有关标准，每羊单位按每天采食 5.4kg 鲜草计算；D_f 为牧草干鲜比，根据有关标准，牧草的干重与鲜重的比例按 1∶3 计算。

5.3.2　2001—2011 年三江源地区草地理论载畜量

从图 5-11 中我们可以看到，2001—2011 年三江源地区理论载畜量在波动中略有上升，这与该区产草量的变化过程一致。其中夏季牧场理论载畜量较高，冬季牧场理论载畜量较低。三江源地区综合理论载畜量位居两者之间，其均值为 1 312.44 万羊单位，其中 2008 年理论载畜量最低为 1 050.73 万羊单位，2010 年最高为 1 708.33 万羊单位。各县情况如图 5-12 所示。

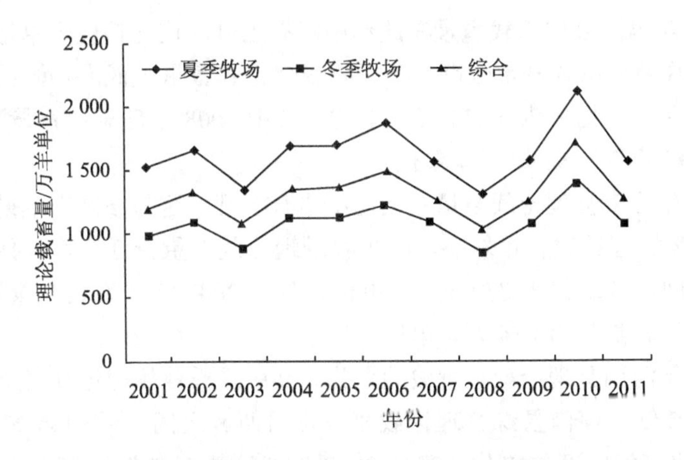

图 5-11　2001—2011 年三江源地区理论载畜量变化

2001—2011年治多县理论载畜量在波动中略有上升，这与该区产草量的变化过程一致。其中夏季牧场理论载畜量较高，冬季牧场理论载畜量较低。治多县综合理论载畜量位居两者之间，其均值为126.77万羊单位，其中2003年理论载畜量最低为99.05万羊单位，2010年最高为158.19万羊单位。

2001—2011年曲麻莱县理论载畜量在波动中略有上升，这与该区产草量的变化过程一致。其中夏季牧场理论载畜量较高，冬季牧场理论载畜量较低。曲麻莱县综合理论载畜量位居两者之间，其均值为127.12万羊单位，其中2003年理论载畜量最低为105.62万羊单位，2010年最高为170.05万羊单位。

2001—2011年兴海县理论载畜量在波动中略有上升。其中夏季牧场理论载畜量较高，冬季牧场理论载畜量较低，兴海县综合理论载畜量位居两者之间，但2009、2010和2011年三者差距很小。兴海县综合理论载畜量均值为54.31万羊单位，其中2003年理论载畜量最低为37.08万羊单位，2010年最高为76.96万羊单位。

2001—2011年玛多县理论载畜量在波动中略有上升，这与该区产草量的变化过程一致。其中夏季牧场理论载畜量较高，冬季牧场理论载畜量较低。玛多县综合理论载畜量位居两者之间，其均值为85.81万羊单位，其中2003年理论载畜量最低为62.01万羊单位，2010年最高为143.73万羊单位。

2001—2011年同德县理论载畜量在波动中略有上升。其中夏季牧场理论载畜量较高，冬季牧场理论载畜量较低，同德县综合理论载畜量位居两者之间，但三者差距很小。同德县综合理论载畜量均值为34.78万羊单位，其中2003年理论载畜量最低为25.71万羊单位，2010年最高为41.97万羊单位。

2001—2011年泽库县理论载畜量在波动中略有上升，这与该区产草量的变化过程一致。其中夏季牧场理论载畜量较高，冬季牧场理论载畜量较低。泽库县综合理论载畜量位居两者之间，其均值为70.60万羊单位，其中2003年理论载畜量最低为55.88万羊单位，2010年最高为87.59万羊单位。

2001—2011年玛沁县理论载畜量在波动中略有上升，这与该区产草量的变化过程一致。其中夏季牧场理论载畜量较高，冬季牧场理论载畜量较低。玛沁县综合理论载畜量位居两者之间，其均值为69.33万羊单位，其中2008年理论载畜量最低为56.27万羊单位，2010年最高为88.99万羊单位。

2001—2011年称多县理论载畜量在波动中略有上升，这与该区产草量的变化过程一致。其中夏季牧场理论载畜量较高，冬季牧场理论载畜量较低。称多县综合理论载畜量位居两者之间，其均值为87.50万羊单位，其中2008年理论载畜量最低为67.35万羊单位，2010年最高为113.54万羊单位。

2001—2011年河南县理论载畜量波动变化。其中夏季牧场理论载畜量较高，冬季牧场理论载畜量较低，河南县综合理论载畜量位居两者之间。近11年来河南县综合理论载畜量均值为80.95万羊单位，其中2008年理论载畜量最低为66.79万羊单位，2010年最高为94.86万羊单位。

2001—2011 年杂多县理论载畜量波动变化。其中夏季牧场理论载畜量较高，冬季牧场理论载畜量较低，杂多县综合理论载畜量位居两者之间。近 11 年来杂多县综合理论载畜量均值为 130.22 万羊单位，其中 2008 年理论载畜量最低为 100.26 万羊单位，2010 年最高为 167.75 万羊单位。

2001—2011 年甘德县理论载畜量波动变化。其中夏季牧场理论载畜量较高，冬季牧场理论载畜量较低，甘德县综合理论载畜量位居两者之间。近 11 年来甘德县综合理论载畜量均值为 54.46 万羊单位，其中 2008 年理论载畜量最低为 43.41 万羊单位，2010 年最高为 70.21 万羊单位。

2001—2011 年达日县理论载畜量波动变化。其中夏季牧场理论载畜量较高，冬季牧场理论载畜量较低，达日县综合理论载畜量位居两者之间。近 11 年来甘德县综合理论载畜量均值为 80.33 万羊单位，其中 2003 年理论载畜量最低为 64.86 万羊单位，2010 年最高为 104.11 万羊单位。

2001—2011 年玉树县理论载畜量波动变化。其中夏季牧场理论载畜量较高，冬季牧场理论载畜量较低，玉树县综合理论载畜量位居两者之间。近 11 年来玉树县综合理论载畜量均值为 111.32 万羊单位，其中 2008 年理论载畜量最低为 83.15 万羊单位，2010 年最高为 148.07 万羊单位。

2001—2011 年久治县理论载畜量波动变化。其中夏季牧场理论载畜量较高，冬季牧场理论载畜量较低，久治县综合理论载畜量位居两者之间。近 11 年来久治县综合理论载畜量均值为 67.76 万羊单位，其中 2008 年理论载畜量最低为 54.75 万羊单位，2010 年最高为 77.75 万羊单位。

2001—2011 年班玛县理论载畜量波动变化。其中夏季牧场理论载畜量较高，冬季牧场理论载畜量较低，班玛县综合理论载畜量位居两者之间。近 11 年来班玛县综合理论载畜量均值为 35.64 万羊单位，其中 2008 年理论载畜量最低为 28.25 万羊单位，2010 年最高为 41.22 万羊单位。

2001—2011 年囊谦县理论载畜量波动变化。其中夏季牧场理论载畜量较高，冬季牧场理论载畜量较低，囊谦县综合理论载畜量位居两者之间。近 11 年来囊谦县综合理论载畜量均值为 95.55 万羊单位，其中 2008 年理论载畜量最低为 75.34 万羊单位，2010 年最高为 123.33 万羊单位。

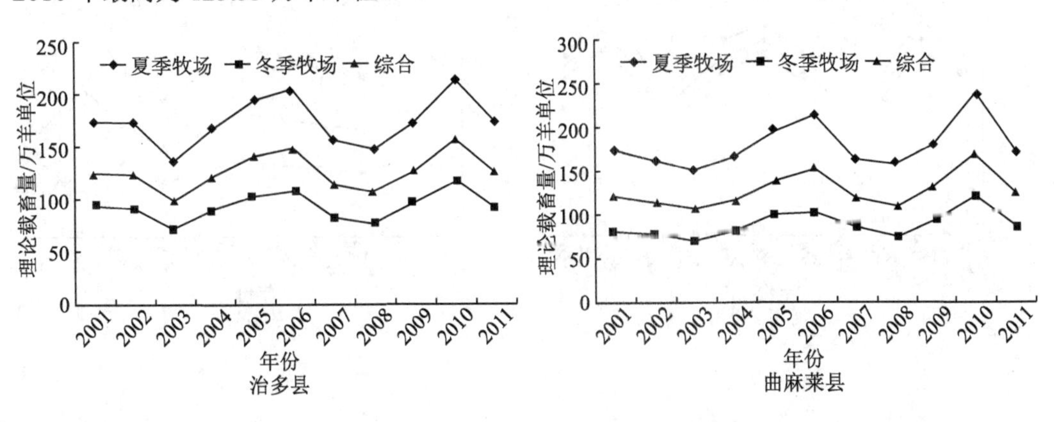

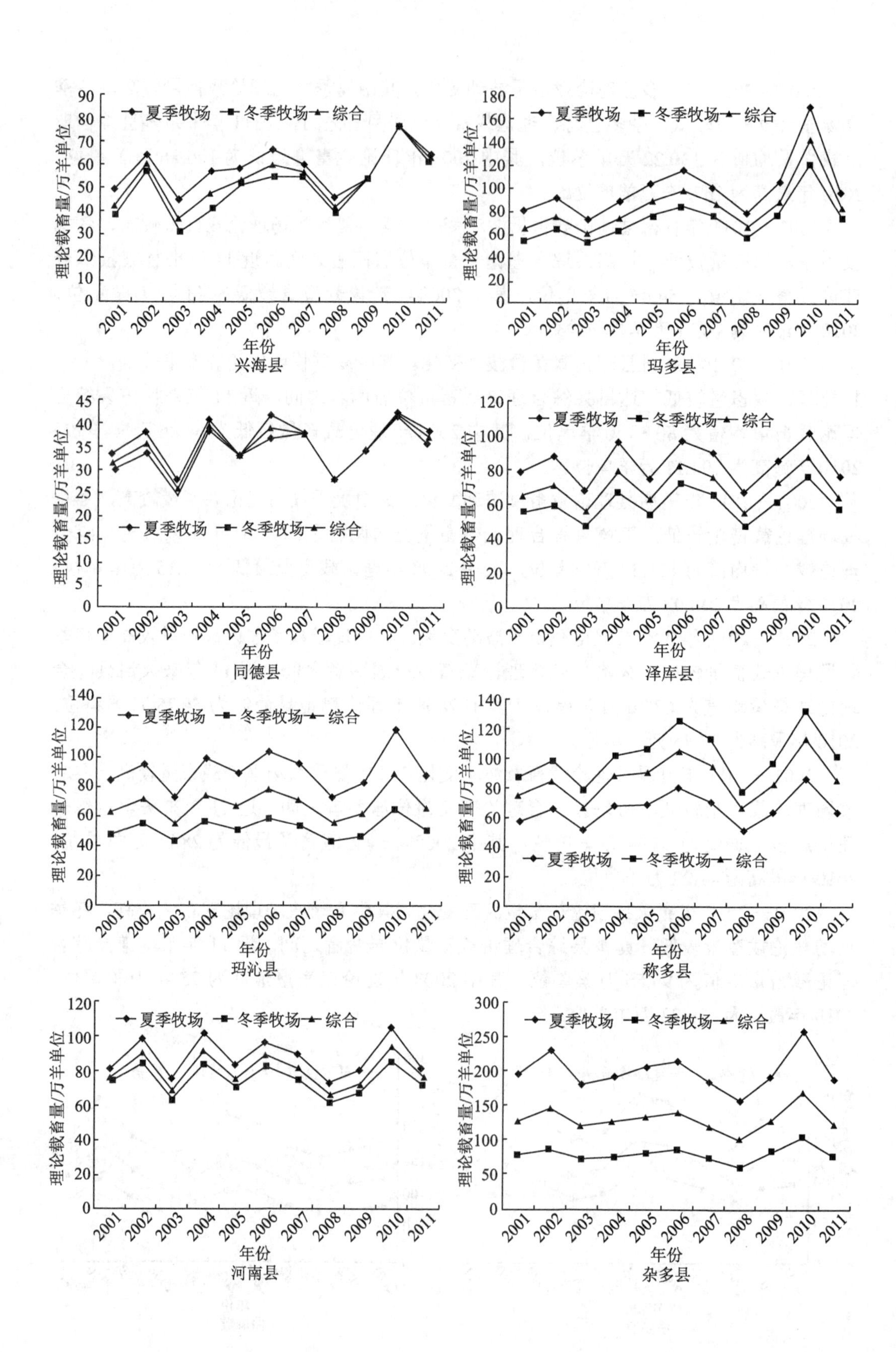
夏季牧场
冬季牧场
综合
理论载畜量/万羊单位
年份
兴海县
玛多县
同德县
泽库县
玛沁县
称多县
河南县
杂多县

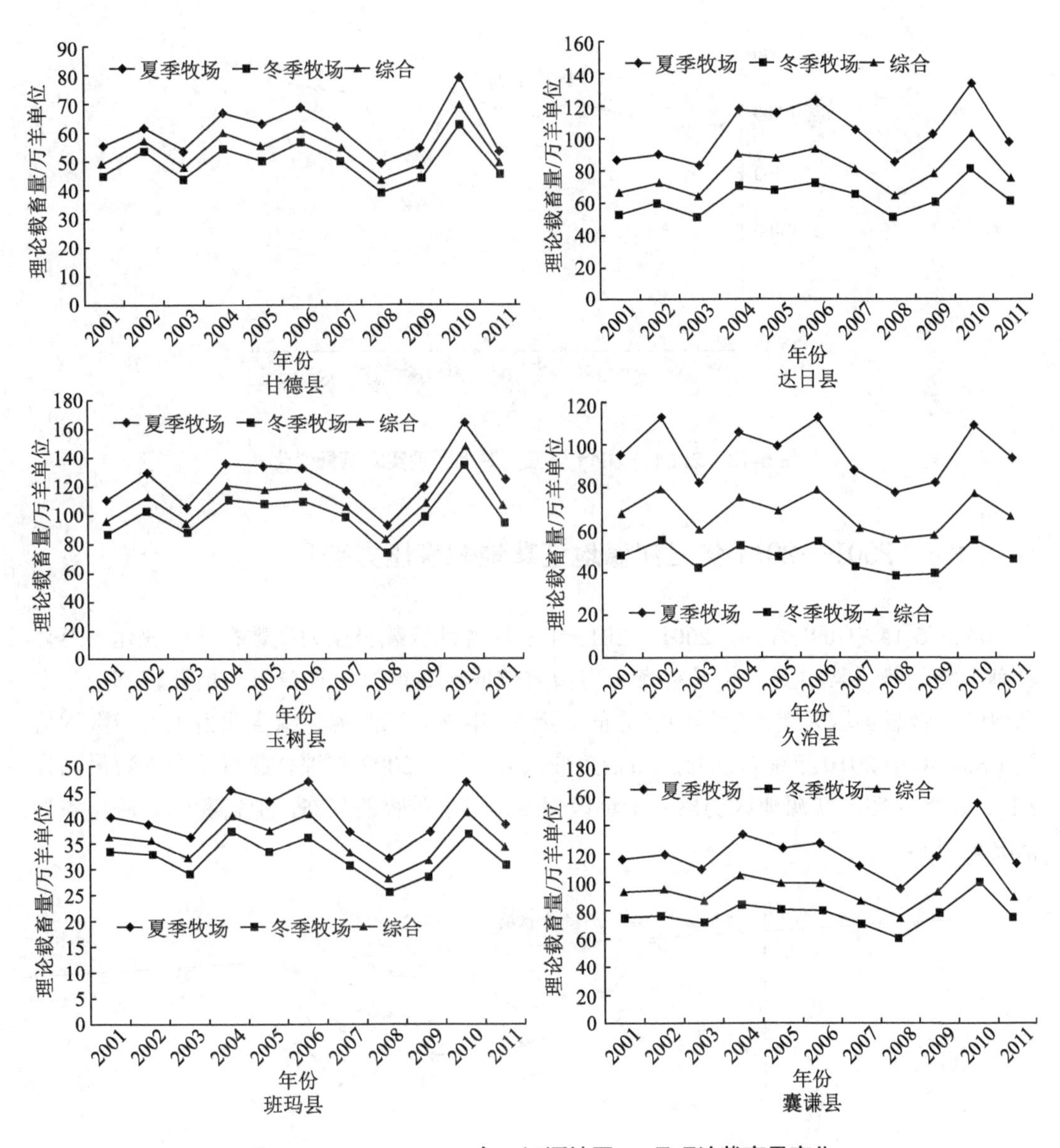

图5-12　2001—2011年三江源地区16县理论载畜量变化

5.3.3　2001—2011年三江源地区草地家畜年末存栏数变化

从图5-13中可以看到，2001—2011年三江源地区家畜年末存栏数在波动中略有上升（青海省统计局，2002—2010），但没有达到显著水平。近11年来三江源家畜年末存栏数均值为1 797.13万羊单位，其中家畜年末存栏数最大的年份为2011年1 913.74万羊单位，最小的年份为2008年1 483.69万羊单位。

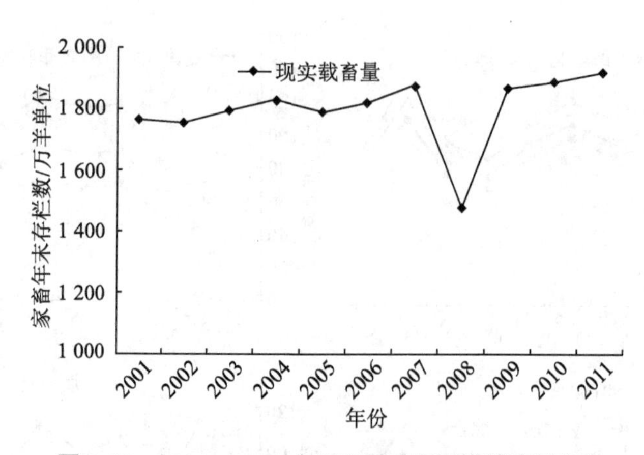

图 5-13　2001—2011 年三江源地区现实载畜量变化

5.3.4　2001—2011 年三江源地区草地载畜压力变化

从图 5-14 中可以看到，2001—2011 年三江源地区载畜压力指数在波动变化，总体具有下降趋势。其中夏季牧场载畜压力指数较低，冬季牧场载畜压力指数较高，三江源地区综合载畜压力指数位居两者之间。近 11 年来三江源地区综合载畜压力指数均值为 1.80，其中 2010 年综合载畜压力指数最低为 1.44，2003 年综合载畜压力指数最高为 2.15。由此说明三江源地区仍然处于草地超载、过度放牧的状态，值得我们关注。各县情况见图 5-15。

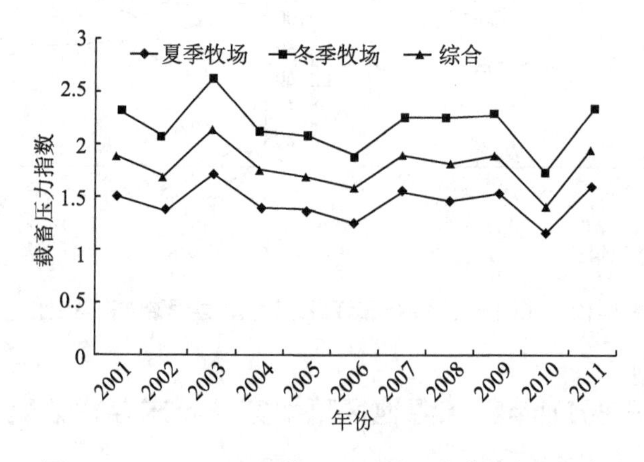

图 5-14　2001—2011 年三江源地区载畜压力指数变化

2001—2011 年治多县载畜压力指数在波动变化。其中夏季牧场载畜压力指数较低，冬季牧场载畜压力指数较高，治多县综合载畜压力指数位居两者之间。近 11 年来治多县综合载畜压力指数均值为 0.95，其中 2005 年综合载畜压力指数最低为 0.79，2003 年综合载畜压力指数最高为 1.21。

2001—2011 年曲麻莱县载畜压力指数在波动变化。其中夏季牧场载畜压力指数较低，冬季牧场载畜压力指数较高，曲麻莱县综合载畜压力指数位居两者之间。近 11 年来曲麻莱县综合载畜压力指数均值为 0.69，其中 2006 年综合载畜压力指数最低为 0.58，2011 年综合载畜压力指数最高为 0.81。

2001—2011 年兴海县载畜压力指数在波动变化。其中夏季牧场载畜压力指数较低，冬季牧场载畜压力指数较高，兴海县综合载畜压力指数位居两者之间，但三者差距很小。近 11 年来兴海县综合载畜压力指数均值为 3.34，其中 2002 年综合载畜压力指数最低为 1.90，2003 年综合载畜压力指数最高为 4.30。

2001—2011 年玛多县载畜压力指数在波动变化。其中夏季牧场载畜压力指数较低，冬季牧场载畜压力指数较高，玛多县综合载畜压力指数位居两者之间。近 11 年来玛多县综合载畜压力指数均值为 0.68，其中 2010 年综合载畜压力指数最低为 0.31，2003 年综合载畜压力指数最高为 1.11。

2001—2011 年同德县载畜压力指数在波动变化。其中夏季牧场载畜压力指数较低，冬季牧场载畜压力指数较高，同德县综合载畜压力指数位居两者之间，但三者差距很小。近 11 年来同德县综合载畜压力指数均值为 4.62，其中 2002 年综合载畜压力指数最低为 2.94，2003 年综合载畜压力指数最高为 5.58。

2001—2011 年泽库县载畜压力指数在波动变化。其中夏季牧场载畜压力指数较低，冬季牧场载畜压力指数较高，泽库县综合载畜压力指数位居两者之间。近 11 年来泽库县综合载畜压力指数均值为 2.76，其中 2010 年综合载畜压力指数最低为 2.25，2003 年综合载畜压力指数最高为 3.67。

2001—2011 年玛沁县载畜压力指数在波动变化。其中夏季牧场载畜压力指数较低，冬季牧场载畜压力指数较高，玛沁县综合载畜压力指数位居两者之间。近 11 年来玛沁县综合载畜压力指数均值为 2.22，其中 2010 年综合载畜压力指数最低为 1.71，2008 年综合载畜压力指数最高为 2.82。

2001—2011 年称多县载畜压力指数在波动变化。其中夏季牧场载畜压力指数较低，冬季牧场载畜压力指数较高，称多县综合载畜压力指数位居两者之间。近 11 年来称多县综合载畜压力指数均值为 0.98，其中 2006 年综合载畜压力指数最低为 0.78，2010 年综合载畜压力指数最高为 1.22。

2001—2011 年河南县载畜压力指数在波动变化。其中夏季牧场载畜压力指数较低，冬季牧场载畜压力指数较高，河南县综合载畜压力指数位居两者之间。近 11 年来河南县综合载畜压力指数均值为 3.03，其中 2008 年综合载畜压力指数最低为 2.49，2003 年综合载畜压力指数最高为 3.75。

2001—2011 年杂多县载畜压力指数在波动变化。其中夏季牧场载畜压力指数较低，冬季牧场载畜压力指数较高，杂多县综合载畜压力指数位居两者之间。近 11 年来杂多县综合载畜压力指数均值为 1.03，其中 2002 年综合载畜压力指数最低为 0.83，2011 年综合载畜压力指数最高为 1.27。

2001—2011 年甘德县载畜压力指数在波动变化。其中夏季牧场载畜压力指数较低，冬季牧场载畜压力指数较高，甘德县综合载畜压力指数位居两者之间。近 11 年来甘德县综合载畜压力指数均值为 2.51，其中 2010 年综合载畜压力指数最低为 1.69，2003 年综合载畜压力指数最高为 3.10。

2001—2011 年达日县载畜压力指数在波动变化。其中夏季牧场载畜压力指数较低，冬季牧场载畜压力指数较高，达日县综合载畜压力指数位居两者之间。近 11 年来达日县综合载畜压力指数均值为 1.58，其中 2010 年综合载畜压力指数最低为 1.02，2001 年综合载畜压力指数最高为 1.19。

2001—2011 年玉树县载畜压力指数在波动变化。其中夏季牧场载畜压力指数较低，冬季牧场载畜压力指数较高，玉树县综合载畜压力指数位居两者之间。近 11 年来玉树县综合载畜压力指数均值为 2.19，其中 2010 年综合载畜压力指数最低为 1.86，2011 年综合载畜压力指数最高为 2.61。

2001—2011 年久治县载畜压力指数在波动变化。其中夏季牧场载畜压力指数较低，冬季牧场载畜压力指数较高，久治县综合载畜压力指数位居两者之间。近 11 年来久治县综合载畜压力指数均值为 1.99，其中 2006 年综合载畜压力指数最低为 1.68，2003 年综合载畜压力指数最高为 2.33。

2001—2011 年班玛县载畜压力指数在波动变化。其中夏季牧场载畜压力指数较低，冬季牧场载畜压力指数较高，班玛县综合载畜压力指数位居两者之间。近 11 年来班玛县综合载畜压力指数均值为 3.91，其中 2010 年综合载畜压力指数最低为 3.22，2003 年综合载畜压力指数最高为 4.58。

2001—2011 年囊谦县载畜压力指数在波动变化。其中夏季牧场载畜压力指数较低，冬季牧场载畜压力指数较高，囊谦县综合载畜压力指数位居两者之间。近 11 年来囊谦县综合载畜压力指数均值为 1.75，其中 2004 年综合载畜压力指数最低为 1.50，2011 年综合载畜压力指数最高为 2.17。

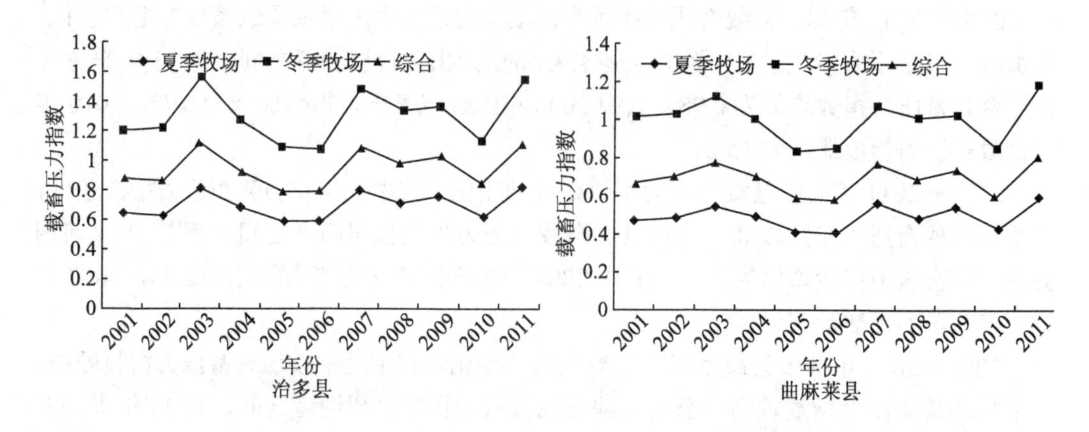

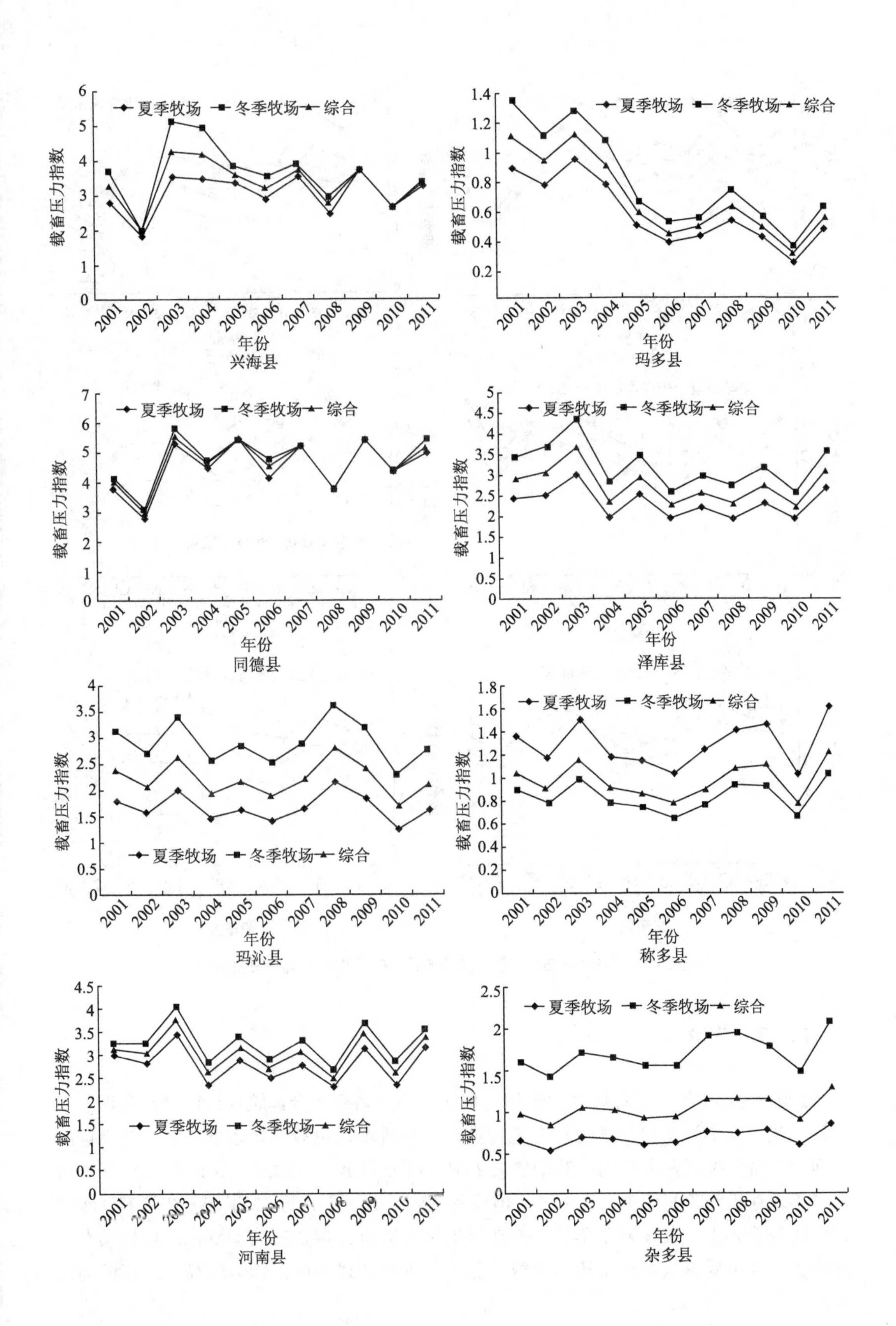
夏季牧场
冬季牧场
综合
载畜压力指数
年份
兴海县
玛多县
同德县
泽库县
玛沁县
称多县
河南县
杂多县

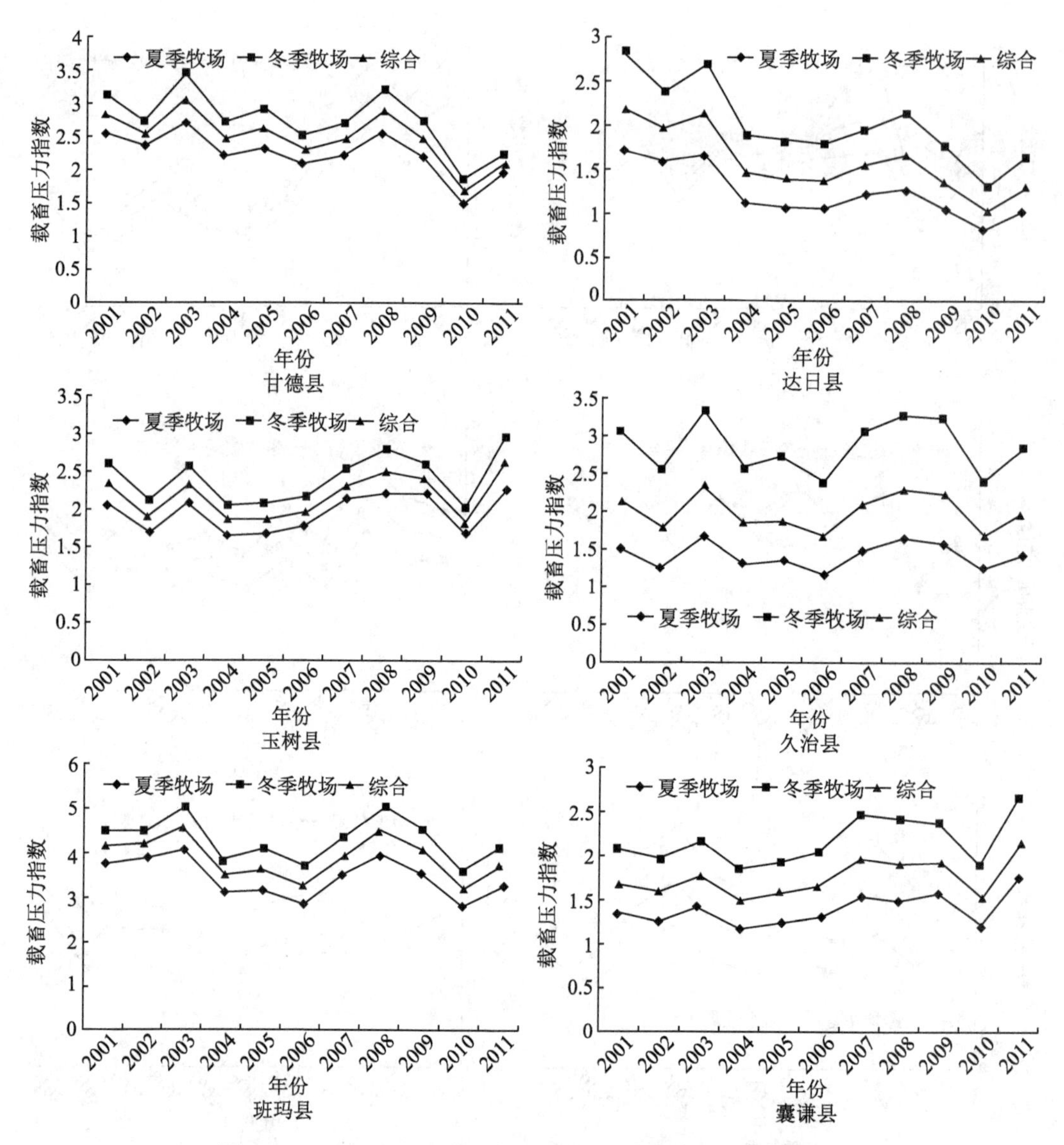

图 5-15 2001—2011 年三江源地区 16 县载畜压力指数变化

5.3.5 结论

2001—2011 年三江源地区理论载畜量在波动中略有上升，这与该区产草量的变化过程一致。其中夏季牧场理论载畜量较高，冬季牧场理论载畜量较低。三江源地区综合理论载畜量位居两者之间，其均值为 1 312.44 万羊单位。2001—2011 年三江源地区家畜年末存栏数在波动中略有上升，但没有达到显著水平。近 11 年来三江源家畜年末存栏数均值为 1 797.13 万羊单位。三江源地区载畜压力指数在波动变化，总体具有下降趋势。其中夏季牧场载畜压力指数较低，冬季牧场载畜压力指数较高，三江源地区综合载畜压力指数位居两者之间。近 11 年来三江源地区综合载畜压力指数均值为 1.80，其中 2010 年综合载畜压力指数最低为 1.44，2003 年综合载畜压力指数最高为 2.15。三江源地区仍然处于草地超载、过度放牧的状态。

5.4　三江源国家公园黄河源园区气候变化未来情景研究

党的十八届三中全会通过的《中共中央关于全面深化改革若干重大问题的决定》中明确提出严格按照主体功能区定位推动发展，建立国家公园体制，中共中央、国务院印发《关于加快推进生态文明建设的意见》和《生态文明体制改革总体方案》也将建立国家公园体制作为重要内容之一。为有效推动国家公园体制建设，国家发展和改革委员会等 13 部委共同印发《建立国家公园体制试点方案》，选择在青海省开展国家公园体制试点。中共青海省委、省政府印发的《青海省生态文明制度建设总体方案》（青发〔2014〕10 号）中明确提出在三江源地区开展国家公园试点工作，以加强对三江源地区生态系统完整性、原真性的保护，探索建立国家公园制度，统筹生态保护和区域经济社会的全面发展。

三江源国家公园在空间上分为黄河源园区、长江源区和澜沧江园区，其中黄河源园区地处三江源腹地，是中华母亲河黄河的源头区，具有极为重要的水源涵养和径流汇集的生态系统服务功能，具有青藏高原的典型性和代表性，其生物多样性保护在全球有重要的战略地位，传统民族文化资源丰富且原真性强。

5.4.1　研究方法

（1）气候变化未来情景

进行气候变化预估，首先需要有未来温室气体的排放情景，排放情景通常是根据一系列因子假设而得到，包括人口增长、经济发展、技术进步、环境条件、全球化、公平原则等。IPCC 第五次评估报告采用了新一代情景，称为“典型浓度目标”（Representative Concentration Pathways，RCPs）情景。4 种情景分别称为 RCP8.5 情景、RCP6 情景、RCP4.5 情景、RCP2.6 情景。

本书选择德国马普气象研究所的 MPI-ESM-LR 气候模式结果进行研究。该模式参加了 CMIP5 模式比较计划。CMIP5 中的模式代表了目前相关领域的最高水平，而且通过多模式结果的集合及分析，可以给出未来变化的范围，为影响评估和适应对策服务提供了基础数据。本书选择该模式 RCP8.5 情景 21 世纪 50 年代结果，这是最高的温室气体排放情景，情景假定人口最多、技术革新率不高、能源改善缓慢，所以收入增长慢。这将导致长时间高能源需求及高温室气体排放，而缺少应对气候变化的政策。之所以选择该情景是因为玛多国家公园地处高寒、高海拔地区，生态系统十分脆弱，对于该地区的保护必须作最坏的打算。

MPI-ESM-LR 大气模式采用 T63 网格，分辨率为 1.9°×1.9°，垂直方向 47 层；海洋模式采用双极网格，分辨率为 1.5°×1.5°，垂直方向 40 层；陆面模式采用动态植被过程。本书使用该模式模拟得到的气候变化未来情景数据的空间分辨率为 1km。

（2）植被 NPP 模拟

目前国内外流行的基于气象数据计算植被净初级生产力（NPP）的方法有 Miami 模型、Thornthwaite Memorial 模型和综合自然植被净第一性生产力模型（以下简称综合模型）。

综合模型是由周广胜与张新时根据植物的生理生态学特点及联系能量平衡和水量平衡方程的实际蒸散模型，基于世界各地的 23 组森林、草地及荒漠等自然植被资料及相应的气候资料建立的自然植被 NPP 模型。该模型以与植被光合作用密切相关的蒸散为基础，综合考虑了各因子的相互作用，对于干旱半干旱地区其计算结果优于其他模型：

$$\mathrm{NPP}=\frac{\mathrm{RDI}^2\times P\times(1+\mathrm{RDI}+\mathrm{RDI}^2)}{(1+\mathrm{RDI})\times(1+\mathrm{RDI}^2)}\times \mathrm{e}^{(-\sqrt{9.84+6.25\mathrm{RDI}})} \tag{5-11}$$

式中，NPP 为植被净初级生产力（$10^2\mathrm{g}\cdot\mathrm{m}^{-2}\cdot\mathrm{a}^{-1}$），$P$ 为年降水量（mm），RDI 为辐射干燥度，可用下式计算：

$$\mathrm{RDI}=0.629+0.237\times\mathrm{PER}-0.003\,13\times\mathrm{PER}^2 \tag{5-12}$$

$$\mathrm{PER}=\frac{\mathrm{ET}_0}{P} \tag{5-13}$$

式中，ET_0 为潜在蒸散，mm；P 为年降水量，mm；PER 为可能蒸散率。

5.4.2 研究结果

（1）气候变化

①温度预测

2050s 玛多国家公园年平均温度为 −3.49℃，其中最高 1.6℃，最低 −4.8℃。从空间格局来看，中部海拔较低地区年平均温度较高，包括花石峡镇中部地区；中北部山区、海拔较高地区年平均温度较低，同时南部地区巴颜喀拉山附近年平均气温也较低（见图 5-16）。

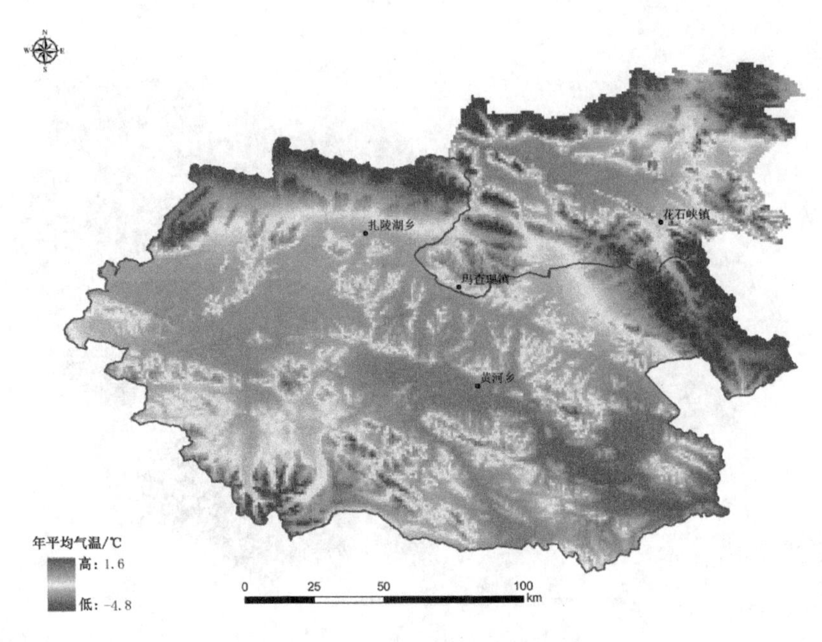

图 5-16　2050s 玛多国家公园年平均气温

1980s 玛多国家公园年平均温度为 –4.58℃，1990s 上升至 –4.19℃，2000s 上升至 –3.27℃，此后 2050s 温度略有下降，为 –3.49℃（见图 5-17）。

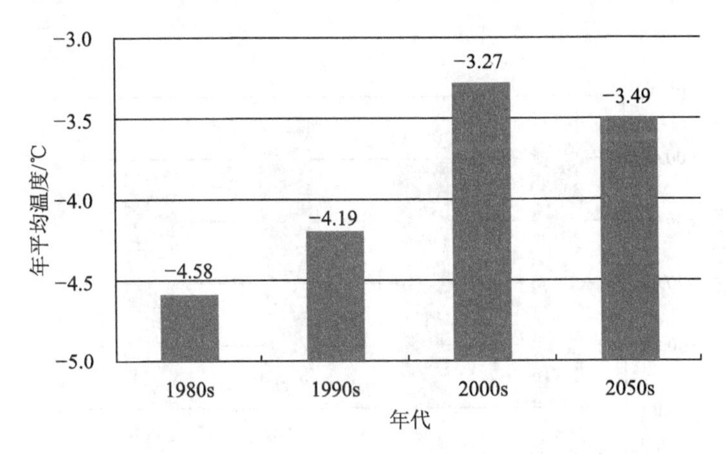

图 5-17　1980s—2050s 玛多国家公园年平均气温

②降水预测

2050s 玛多国家公园年降水量为 347.56mm，其中最高 446mm，最低 302mm。从空间格局来看，西北部纬度较高地区年降水量较低，东南部纬度较低地区年降水量较高（见图 5-18）。

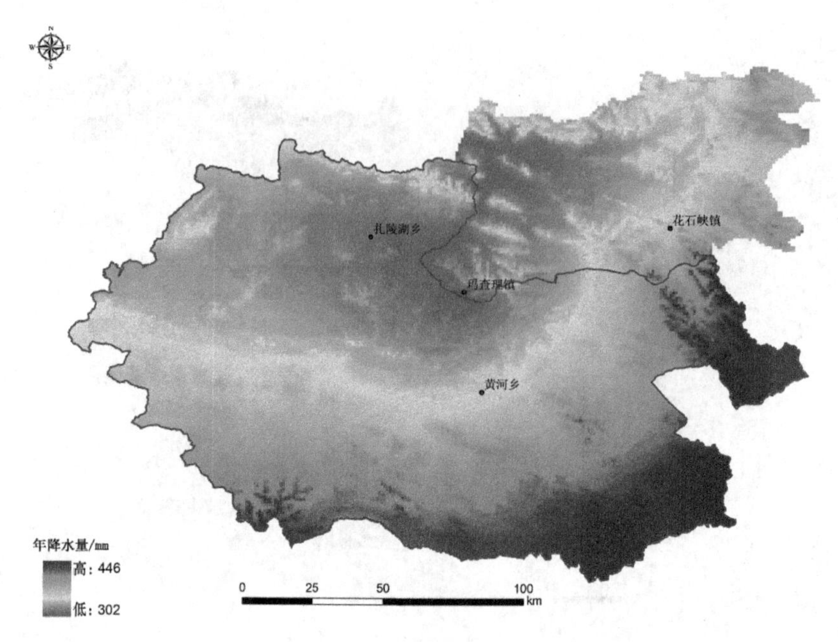

图 5-18　2050s 玛多国家公园年降水量

1980s 玛多国家公园年降水量为 428.80mm，1990s 减少为 394.19mm，2000s 增加至 422.32mm，此后 2050s 降水量下降幅度较大，为 347.56mm，下降幅度 74.76mm（见图 5-19）。

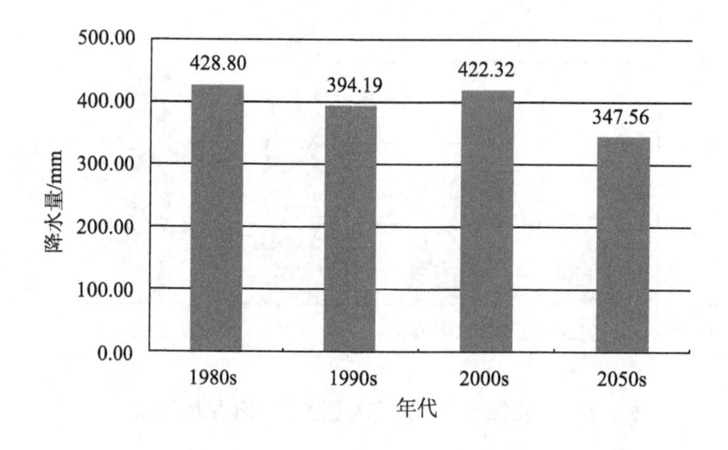

图 5-19　1980s—2050s 玛多国家公园年降水量

（2）气候变化下植被净初级生产力变化

2050s 玛多国家公园植被净初级生产力为 3.67t·（hm^2·a）$^{-1}$，其中最高 4.51 t·（hm^2·a）$^{-1}$，最低 2.96 t·（hm^2·a）$^{-1}$。从空间格局来看，北部地区植被净初级生产力最低，其次为中部和西南部地区，东南部地区植被净初级生产力最高（见图 5-20）。

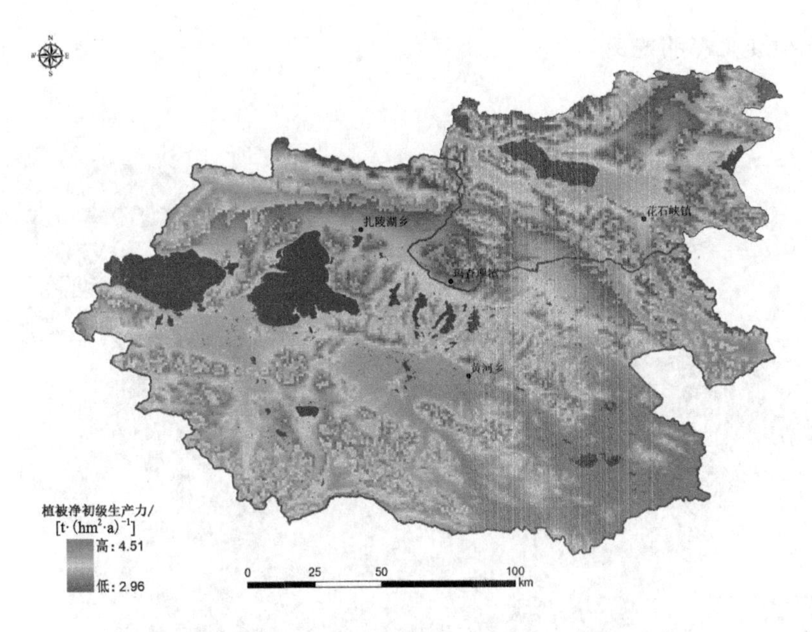

图 5-20　2050s 玛多国家公园植被净初级生产力

1980s 玛多国家公园植被净初级生产力为 3.39 t·（hm^2·a）$^{-1}$，1990s 略微减少为 3.37 t·（hm^2·a）$^{-1}$，2000s 增加至 3.69 t·（hm^2·a）$^{-1}$，此后 2050s 略微下降为 3.67 t·（hm^2·a）$^{-1}$（见图 5-21）。

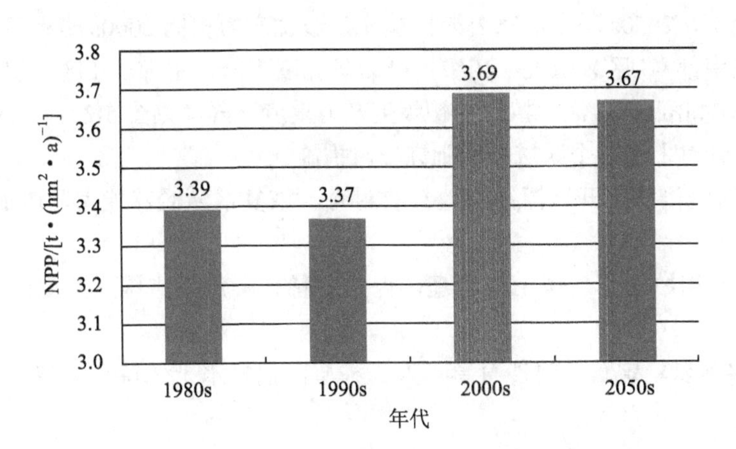

图 5-21　1980s—2050s 玛多国家公园植被净初级生产力

(3)气候变化影响范围

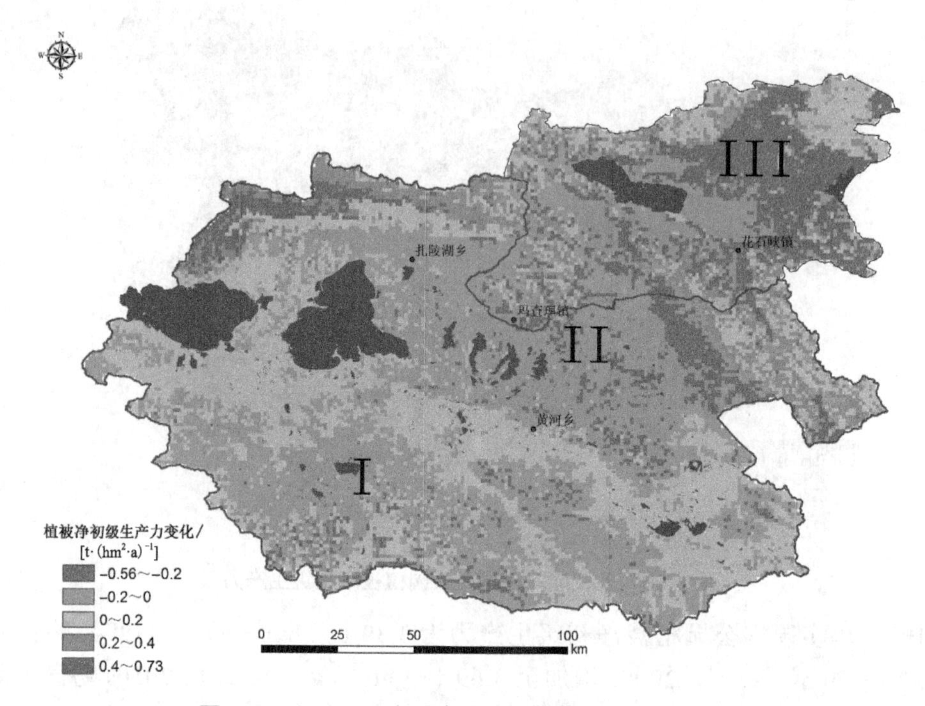

图 5-22 2050s 玛多国家公园植被净初级生产力变化

气候变化下，2050s 玛多国家公园植被净初级生产力相比 2000s 略有下降。从空间上来看，该区南部（I 区）植被净初级生产力呈轻度下降，中部（II 区）植被净初级生产力中度下降，北部（III 区）植被净初级生产力重度下降（见图 5-22）。

因此应该针对上述三个区域分别制订应对措施。

I 区：针对气候变化开展沼泽湿地禁牧封育、恢复水源涵养能力，增加人工降水，遏制湿地萎缩。

II 区：实施退牧还草、黑土滩治理，保护珍稀、濒危重点国家野生动植物，实施湖泊禁渔。

III 区：实施以草定畜，封沙育草，人工种草，搞好水土保持和沟道治理，减少水土流失。

第6章　三江源草地退化成因分析及保护对策

6.1　近15年来三江源高寒草地NDVI变化趋势

为了从整体上揭示三江源植被状况，为该区制定相应的保护措施和政策提供科学依据，本书拟用NDVI作为植被生长状况的代用指标，探讨该区过去15年植被生长状况和变化过程。

6.1.1　数据与方法

NDVI数据来源于欧盟赞助的VEGETATION传感器1km数据。1km分辨率数字高程模型数据和1：100万植被类型数据来源于国家自然科学基金委员会“中国西部环境与生态科学数据中心”（http://westdc.westgis.ac.cn）（见图6-1）。气象站点观测数据由中国气象局数据共享中心提供，包括1998—2012年三江源及周边地区气象站点日值观测数据，数据项为日平均温度、日最高温度、日最低温度、日平均风速、相对湿度、降水量和日照时数。

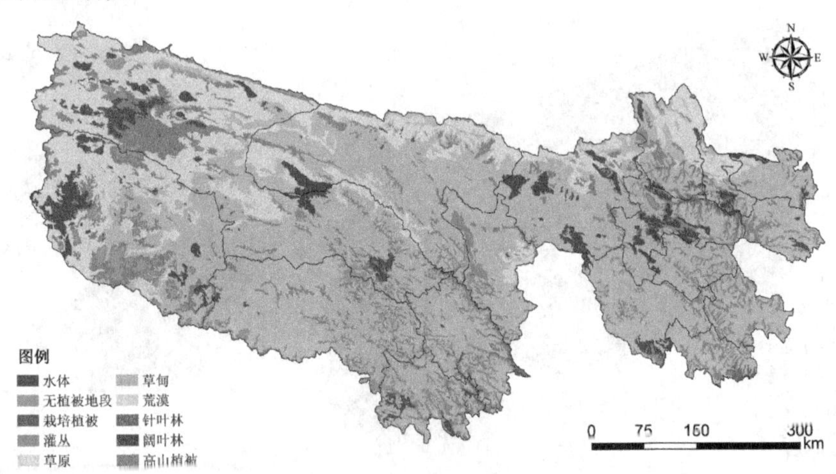

图6-1　三江源地区植被类型

由于研究区位于青藏高原高寒区，因此采用最大合成法（Maximum Value Composite Syntheses，MVC）获得每个像元一年中地表植被 NDVI 最大值（$NDVI_{max}$）来代表当年植被生长状况。采用最小二乘法线性回归方程的斜率来分析 1998—2012 年研究区 $NDVI_{max}$ 变化趋势，计算公式为：

$$\text{slope}=\frac{n\times\sum_{j=1}^{n}\left[j\times \text{NDVI}_{\max}(j)\right]-\sum_{j=1}^{n}j\sum_{j=1}^{n}\text{NDVI}_{\max}(j)}{n\times\sum_{j=1}^{n}j^{2}-(\sum_{j=1}^{n}j)^{2}} \tag{6-1}$$

式中，$NDVI_{max}$ 为一年中 NDVI 最大值；slope 为 1998—2012 年 NDVI 变化斜率；slope ＞ 0 说明 $NDVI_{max}$ 变化趋势为增加，反之则减少；j 为年序号，n=15。

$NDVI_{max}$ 变异系数（CV）计算公式为：

$$\text{CV}=\frac{\sigma}{\overline{\chi}} \tag{6-2}$$

式中，CV 为变异系数；σ 为 1998—2012 年 $NDVI_{max}$ 标准差；$\overline{\chi}$ 为 1998—2012 年 $NDVI_{max}$ 均值。CV 值越大，表明数据分布越离散，时间序列数据波动较大；反之则表明数据分布较为紧凑，时间序列数据较为稳定。

6.1.2　$NDVI_{max}$ 空间格局

由于地处高海拔高寒地区，三江源地区 $NDVI_{max}$ 值较低，1998—2012 年 $NDVI_{max}$ 平均值为 0.44 左右（见图 6-2）。其中本区东南部地区由于水热条件较好，$NDVI_{max}$ 平均值较高，西北地区由于气候高寒、降水较少，基本为无人区，$NDVI_{max}$ 平均值较低。中部黄河源头地区 $NDVI_{max}$ 平均值也相对较低。

图 6-2　1998—2012 年三江源—羌塘地区 $NDVI_{max}$ 平均值空间分布

三江源地区 $NDVI_{max}$ 值较高的为针叶林、灌丛和阔叶林，都在 0.6 以上（见图 6-3）。由于本区严酷的高寒气候，树木之间株距较大，因此针叶林、灌丛和阔叶林 $NDVI_{max}$ 值基本相当。草甸 $NDVI_{max}$ 值也较高。其他植被类型如高山植被、草原和无植被区 $NDVI_{max}$ 值都不高，均在 0.3 以下。

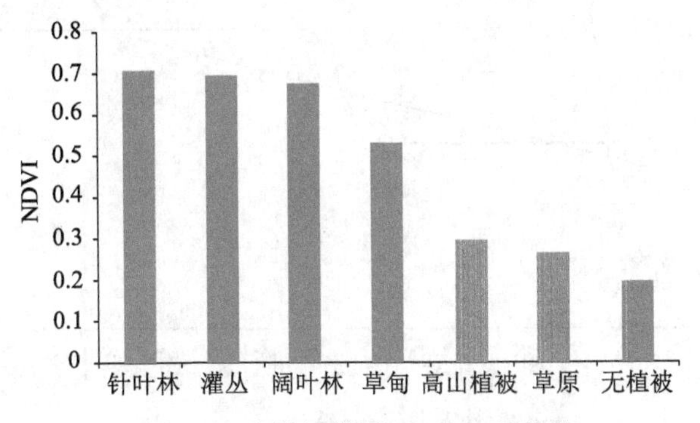

图 6-3　各植被类型 $NDVI_{max}$ 平均值

三江源地区海拔 2 500 ～ 3 000m 的地区主要分布在本区东北部，该区年降水量不多，蒸散量却较大，因此分布的植被类型为中性草丛，$NDVI_{max}$ 值不高。海拔 3 000 ～ 3 500m 是中性草丛向高寒草原和草甸转变的过渡地区，$NDVI_{max}$ 值大于 0.6。海拔 3 500 ～ 4 000 主要分布在三江源地区东部，该区水热条件较好，主要植被类型为高寒草甸，因此 $NDVI_{max}$ 值较高。海拔 4 000 ～ 4 500m 地区属于草甸、草原和高山植被混合地带，$NDVI_{max}$ 值不高。海拔 4 500m 以上地区由于年平均气温较低，降水量较少，因此植被类型逐步向荒漠转变。随着海拔高度升高，$NDVI_{max}$ 值下降趋势明显（见图 6-4）。

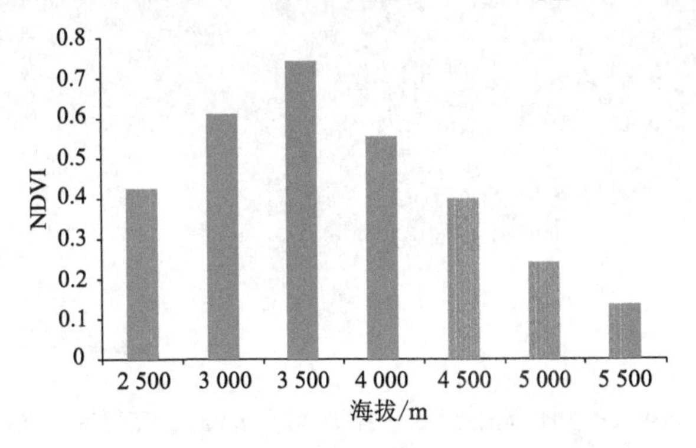

图 6-4　各海拔梯度 $NDVI_{max}$ 平均值

6.1.3　$NDVI_{max}$ 变化趋势

在气候变化与人类活动的影响下，1998—2012 年三江源地区 $NDVI_{max}$ 值总体上具有上升趋势，在 0.42 ～ 0.49 之间变化（见图 6-5），其中 2010 年最高。2005 年后该区 $NDVI_{max}$ 值显著增加，前 7 年 $NDVI_{max}$ 值平均为 0.43，后 8 年 $NDVI_{max}$ 值平均为 0.46。

线性拟合结果显示 $NDVI_{max}$ 年变化率为 0.003 4/a，呈现极显著增加趋势（$P < 0.01$）。

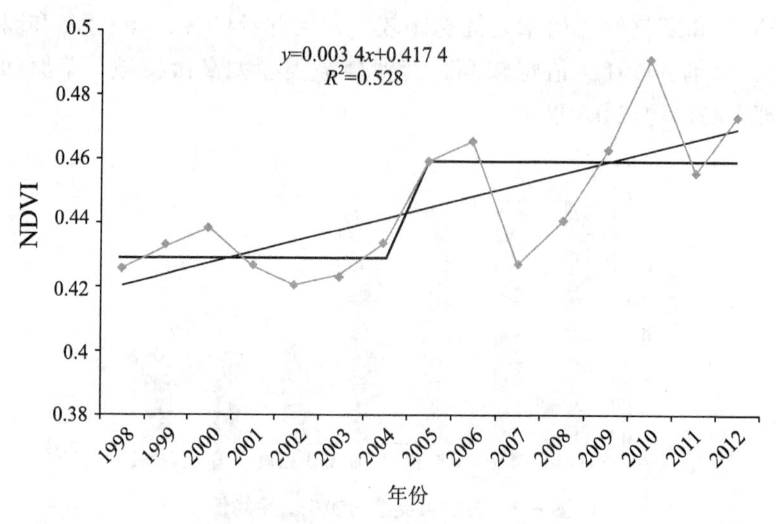

图 6-5　1998—2012 年三江源地区 $NDVI_{max}$ 变化速率

空间上本区中部长江源头和黄河源头地区 $NDVI_{max}$ 具有增加趋势（见图 6-6），西部局部地区 $NDVI_{max}$ 具有轻微下降趋势，东部和南部局部地区 $NDVI_{max}$ 具有下降趋势。

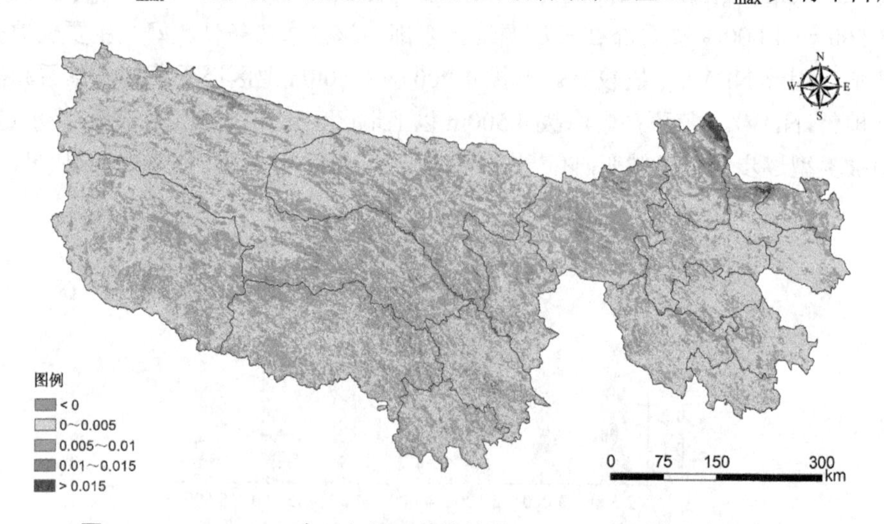

图 6-6　1998—2012 年三江源—羌塘地区 $NDVI_{max}$ 变化趋势空间分布

海拔区间在 3 000 ～ 3 500m $NDVI_{max}$ 增加速率最大，其次为海拔区间在 2 500 ～ 3 000m，但面积很小（见表 6-1）。海拔 3 500 ～ 4 000m $NDVI_{max}$ 增加速率为 0.003 $5a^{-1}$，海拔 4 000 ～ 4 500m $NDVI_{max}$ 增加速率为 0.003 $6a^{-1}$，海拔 4 500 ～ 5 000m $NDVI_{max}$ 增加速率为 0.003 $4a^{-1}$，海拔 5 000m 以上地区 $NDVI_{max}$ 增加速率较小为 0.002 $8a^{-1}$，海拔 5 500m 以上地区 $NDVI_{max}$ 增加速率最小。植被类型中阔叶林 $NDVI_{max}$ 增加速率最大，其次为针叶林、草甸、草原，高山植被和灌丛 $NDVI_{max}$ 增加速率较小，无植被地段 $NDVI_{max}$ 增加速率最小。

表 6-1　各海拔区间和植被类型 $NDVI_{max}$ 变化率

海拔高度 /m	$NDVI_{max}$ 变化率 /a^{-1}	植被类型	$NDVI_{max}$ 变化率 /a^{-1}
2 500	0.008 2	针叶林	0.003 7
3 000	0.009 2	灌丛	0.002 8
3 500	0.003 5	阔叶林	0.004 0
4 000	0.003 6	草甸	0.003 6
4 500	0.003 4	高山植被	0.003 2
5 000	0.002 8	草原	0.003 6
5 500	0.000 9	无植被	0.001 8

6.1.4 $NDVI_{max}$ 的 CV 值空间格局

如图 6-7 所示，三江源地区 1998—2012 年 CV 值较大地区主要分布在中北部黄河源头地区，本区中部和南部局部地区 CV 值也较大，CV 值较小地区主要分布在本区东部和东南部地区。

图 6-7　三江源—羌塘地区 1998—2012 年 CV 值空间分布

如表 6-2 所示，除海拔 2 500～3 500m 地区以外，其他地区随着海拔增大 CV 值增加。无植被地区 CV 值最大，其次为高山植被，针叶林 CV 值最小。

表 6-2　各海拔区间和植被类型 CV 变异系数

海拔高度 /m	CV 值	植被类型	CV 值
2 500	0.138 7	针叶林	0.049 3
3 000	0.103 2	灌丛	0.049 4
3 500	0.044 7	阔叶林	0.066 4
4 000	0.088 4	草甸	0.078 8

续表

海拔高度 /m	CV 值	植被类型	CV 值
4 500	0.106 0	高山植被	0.131 2
5 000	0.143 6	草原	0.121 7
5 500	0.379 3	无植被	0.292 0

6.1.5　结论

三江源地区受水热条件的影响，东南部 $NDVI_{max}$ 值较高，西北部较低。1998—2012 年三江源地区 $NDVI_{max}$ 值总体具有上升趋势，空间上中部长江源头和黄河源头地区 $NDVI_{max}$ 具有增加趋势，其中黄河源头地区 $NDVI_{max}$ 增加趋势比较明显，东部和南部局部地区 $NDVI_{max}$ 具有下降趋势。海拔 4 000 ～ 5 000m 是 $NDVI_{max}$ 增长的主要区域。植被类型中阔叶林和针叶林 $NDVI_{max}$ 增加速率最大，其次为草甸和草原。除面积较小的海拔 2 500 ～ 3 500m 地区外，随着海拔升高 CV 值增加。同时，无植被地区 CV 值最大，其次为高山植被，针叶林 CV 值最小。1998—2012 年三江源地区总体上 $NDVI_{max}$ 值具有极显著增加趋势（$P < 0.01$）。

6.2　三江源草地退化成因分析

6.2.1　基于气象数据的植被净初级生产力计算

目前国内外流行的基于气象数据计算植被净初级生产力（NPP）的方法有 Miami 模型、Thornthwaite Memorial 模型和综合自然植被净第一性生产力模型(简称综合模型)。

Miami（Lieth，1972）模型是 H.Lieth 利用世界 5 大洲约 50 个地点可靠的自然植被 NPP 的实测资料和与之相匹配的年均气温及降水资料，根据最小二乘法建立的：

$$NPP_T = 3\,000 / \left(1 + e^{1.315 - 0.119T}\right) \tag{6-3}$$

$$NPP_P = 3\,000 \times \left(1 - e^{-0.000\,664P}\right) \tag{6-4}$$

式中，NPP_T 和 NPP_P 分别为根据年平均气温（T，℃）和年降水（P，mm）求得植被净初级生产力（$g \cdot m^{-2} \cdot a^{-1}$）。根据 Liebig 的限制因子定律，选择由温度和降水所计算出的植被 NPP 中的较低者作为某地植被的 NPP。

植被的 NPP 不仅与温度和降水有关，而且也与植被蒸散量有关。H.Lieth 基于 Thornthwaite 方法计算的实际蒸散及世界五大洲 50 个地点植被 NPP 资料，于 1972 年提出了 Thornthwaite Memorial 模型（Lieth，1972）：

$$NPP = 3\,000\left[1 - e^{-0.000\,969\,5(E-20)}\right] \tag{6-5}$$

$$E = \frac{1.05P}{\sqrt{1+\left(1+1.05R/\mathrm{ET}_0\right)^2}} \tag{6-6}$$

式中，NPP 为植被净初级生产力，$g \cdot m^{-2} \cdot a^{-1}$；$E$ 为年实际蒸散量，mm；P 为年降水量，mm；ET_0 为潜在蒸散，mm；采用式（6-6）计算。Thornthwaite Memorial 模型包含的环境因子较全面，计算的结果优于 Miami 模型（张宪洲，1993）。

周广胜与张新时（1995，1998）根据植物的生理生态学特点及联系能量平衡和水量平衡方程的实际蒸散模型，根据世界各地的 23 组森林、草地及荒漠等自然植被资料及相应的气候资料建立了自然植被 NPP 模型：

$$\mathrm{NPP} = \frac{\mathrm{RDI}^2 \cdot P \cdot \left(1+\mathrm{RDI}+\mathrm{RDI}^2\right)}{\left(1+\mathrm{RDI}\right)\cdot\left(1+\mathrm{RDI}^2\right)} \cdot e^{\left(-\sqrt{9.84+6.25\cdot\mathrm{RDI}}\right)} \tag{6-7}$$

式中，NPP 为植被净初级生产力（$10^2 g \cdot m^{-2} \cdot a^{-1}$），$P$ 为年降水量（mm），RDI 为辐射干燥度，可用下式计算：

$$\mathrm{RDI}=0.629+0.237 \cdot \mathrm{PER} - 0.003\,13 \cdot \mathrm{PER}^2 \tag{6-8}$$

$$\mathrm{PER} = \frac{\mathrm{ET}_0}{P} \tag{6-9}$$

式中，ET_0 为潜在蒸散，mm；P 为年降水量，mm；PER 为可能蒸散率。该模型以与植被光合作用密切相关的蒸散为基础，综合考虑了各因子的相互作用，对于干旱半干旱地区其计算结果优于其他模型。

归一化植被指数（NDVI）是表征地表植被状况的重要指数（Liu，1995；Liu 等，2007），由于研究区位于青藏高原高寒区，可以采用最大合成法（Maximum Value Composite Syntheses，MVC）获得每个像元一年中地表植被 NDVI 最大值（NDVI_{max}）来代表当年植被生长状况。

$$\mathrm{NDVI}_{max}(x, t) = \mathrm{MAX}\left[\mathrm{NDVI}(x, t, i)\right] \tag{6-10}$$

式中，x 表示空间位置；t 表示年份；i 表示 t 年中 1 月 1 日起第 i 个 15d，其范围在 1 ～ 24。

6.2.2　气候变化导致的植被净初级生产力变化

利用基于气象数据计算 NPP 的 Miami 模型、Thornthwaite Memorial 模型和综合自然植被净第一性生产力模型（综合模型），模拟了研究区 1961—2010 年气候变化导致的植被净初级生产力（NPP）的变化。图 6-8 显示，Thornthwaite Memorial 模型和综合模型的 NPP 模拟值较接近，多年 NPP 均值分别为 547.5 和 547.7 $g \cdot m^{-2} \cdot a^{-1}$，变异系数分别为 0.06 和 0.04。Miami 模型的 NPP 模拟值相对较低，多年 NPP 均值为 425.0 $g \cdot m^{-2} \cdot a^{-1}$，变异系数为 0.07。1961—2010 年 Thornthwaite Memorial 模型和综合模型模拟的 NPP 具有增加趋势，但趋势不显著，分别为 0.23 $g \cdot m^{-2} \cdot a^{-1}$ 和 0.25 $g \cdot m^{-2} \cdot a^{-1}$，Miami 模型模

拟的 NPP 具有显著增加趋势，增加速率为 1.64g · m^{-2} · a^{-1}。

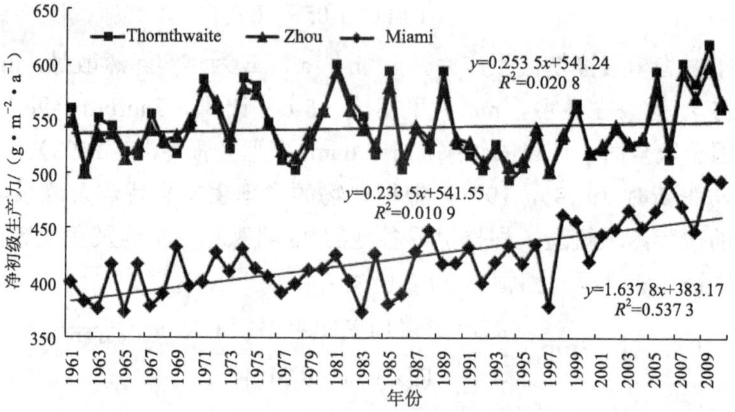

图 6-8　基于气象数据的 1961—2010 年植被净初级生产力年际变化

图 6-9 显示 Thornthwaite Memorial 模型和综合模型的 NPP 年代变化比较一致，均为 60 年代较低，70 年代、80 年代较大，90 年代 NPP 下降幅度较大，为各年代最低值，2000 年以来 NPP 增长幅度较大，达到历史最高值。Miami 模型模拟的 NPP 自 60 年代以来呈现不断增加趋势，2000 年以来 NPP 达到最大值。植被光合作用与蒸散密切相关，Thornthwaite Memorial 模型和综合模型以此为基础，综合考虑了各因子的相互作用。

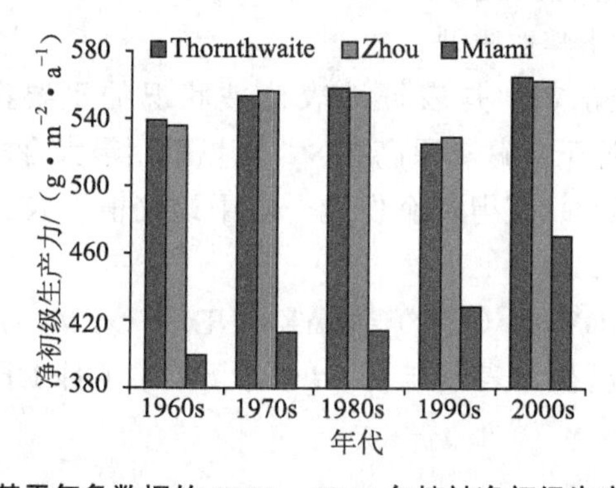

图 6-9　基于气象数据的 1961—2010 年植被净初级生产力年代变化

上述结果表明，研究区气候变化总体上是有利于植被 NPP 增加的，三个模型模拟的 1961—2010 年研究区 NPP 都具有增加趋势。同时 Thornthwaite Memorial 模型和综合模型能够刻画 90 年代研究区 NPP 下降过程，模拟效果较好。对于整个三江源地区来说，气候变化的影响不可忽视。

6.2.3　草地实际载畜量变化

三江源地区牧民从事的生产活动以放牧为主，主要畜种包括牦牛、绵羊、山羊和马匹。本研究依据农业部发布的《天然草地合理载畜量的计算《NY/T 635—2002》

（2002），按照一头牦牛4.5个羊单位，一匹马6个羊单位折算。结果表明，1950年以来研究区家畜年末存栏数总体上经历了一个急剧增加—缓慢下降的过程。50年代的家畜年末存栏数最低，为1 377.32×10^4羊单位；60年代中期在农业学大寨的号召下，三江源地区家畜年末存栏数直线上升，达到1 692.60×10^4羊单位；70年代该区家畜年末存栏数达到顶峰为2 410.41×10^4羊单位，相比50年代增加75.01%，比60年代增加42.41%。此后80年代和90年代家畜年末存栏数一直缓慢下降，至2000年以来下降至1 785.47×10^4羊单位，但仍然比60年代高出5.49%（见图6-10）。

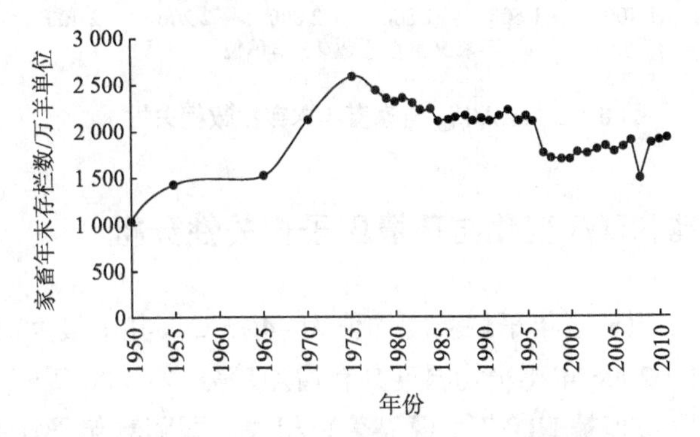

图6-10　1950—2006年果洛藏族自治州家畜年末存栏数变化

6.2.4　退化草地NDVI变化

采用最大合成法（MVC）获得每个像元一年中地表植被NDVI最大值（$NDVI_{max}$）来代表当年植被生长状况。结果显示（见图6-11），三江源地区80年代$NDVI_{max}$较低，90年代草地退化加剧$NDVI_{max}$进一步下降，2000年以来退化草地开始恢复，NDVI状况明显比80年代和90年代好。由于遥感数据出现时间较晚，导致1961—1981年研究区草地状况依旧不明。相关分析显示（见图6-12），家畜年末存栏数则与植被NDVI状况呈负相关关系，但未达到显著范围（$P < 0.1$）。这表明研究区1982—2006年植被变化直接受到人类放牧活动的影响，但由于其他环境因子诸如气候变化等影响，没有达到显著关系。

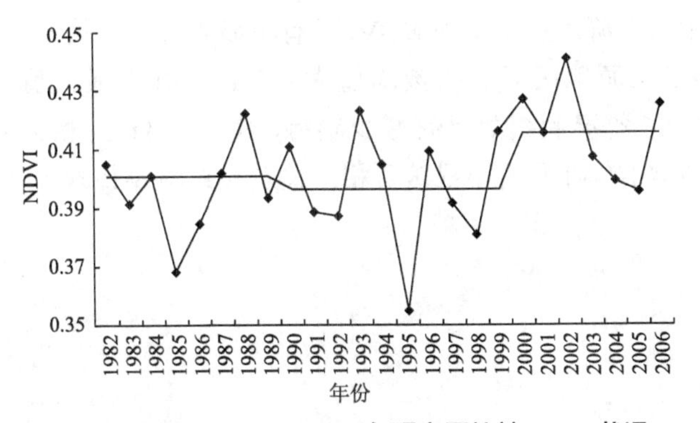

图6-11　1982—2006年研究区植被NDVI状况

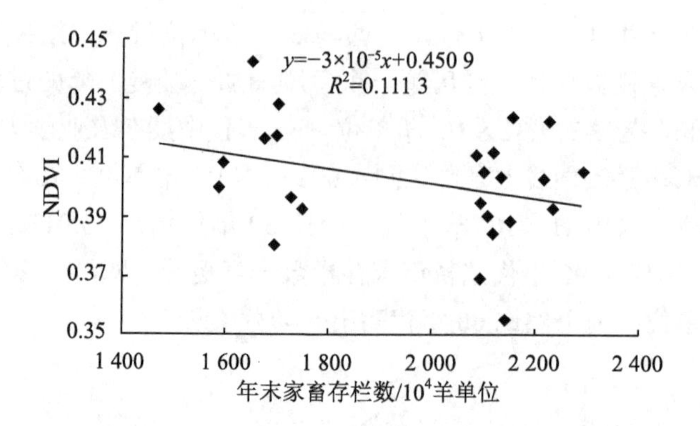

图 6-12 $NDVI_{max}$ 与家畜年末存栏数相关性

6.2.5 退化草地 NDVI 变化与环境因子相关性分析

1982—2006 年三江源地区年平均温度均值为 –4.15℃，其中最大值为 –2.64℃，最小值为 –5.55℃。1982—2006 年年平均温度具有增加趋势，为 0.06℃·a^{-1}，相关分析显示，三江源地区年平均温度与植被 NDVI 呈现显著正相关，即随着年平均温度增加，植被 NDVI 增加（见图 6-13）。

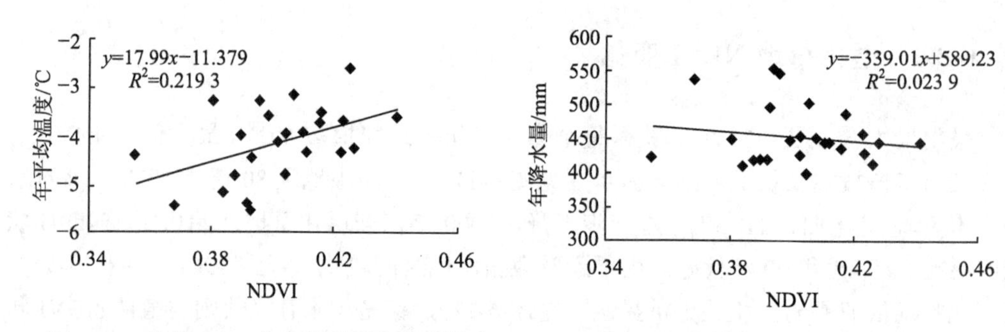

图 6-13 植被 NDVI 与年平均温度相关性　　图 6-14 植被 NDVI 与年降水量相关性

1982—2006 年三江源地区年降水量均值为 455.93mm，其中最大值为 550.87mm，最小值为 398.37mm。1982—2006 年年降水量具有减少趋势，为 –1.47mm · a^{-1}，相关分析显示，三江源地区年降水量与植被 NDVI 具有不显著负相关关系（见图 6-14）。

1982—2006 年三江源地区湿润指数均值为 –19.12，其中最大值为 3.92，最小值为 –31.56。1982—2006 年湿润指数具有减少趋势，为 –0.53a^{-1}，相关分析显示，三江源地区湿润指数与植被 NDVI 具有不显著负相关关系（见图 6-15）。

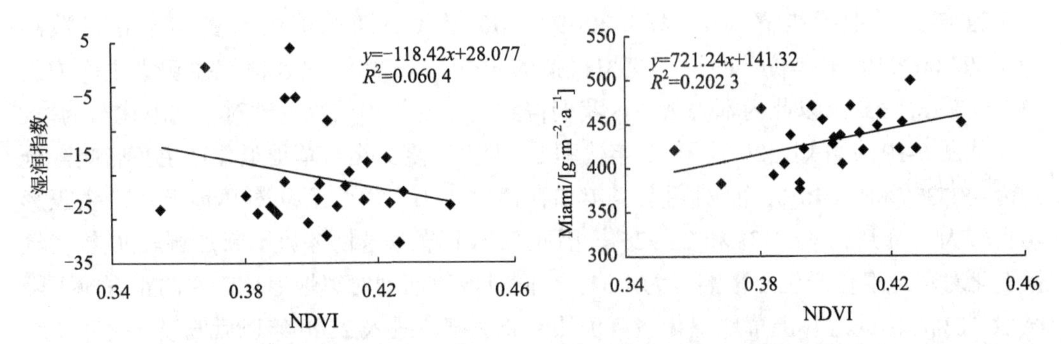

图 6-15　植被 NDVI 与湿润指数相关性　　图 6-16　NDVI 与 Miami 模型 NPP 相关性

1982—2006 年三江源地区 Miami 模型模拟的 NPP 均值为 431.16g · m^{-2} · a^{-1}，其中最大值为 498.04 g · m^{-2} · a^{-1}，最小值为 375.13 g · m^{-2} · a^{-1}。1982—2006 年 Miami 模型模拟的 NPP 具有增加趋势，为 2.71 g · m^{-2} · a^{-1}，相关分析显示，三江源地区 Miami 模型模拟的 NPP 与植被 NDVI 呈现显著正相关，即随着 Miami 模型模拟的 NPP 增加，植被 NDVI 增加（见图 6-16）。

1982—2006 年三江源地区 Thornthwaite 模型模拟的 NPP 均值为 541.23g · m^{-2} · a^{-1}，其中最大值为 606.03g · m^{-2} · a^{-1}，最小值为 498.64g · m^{-2} · a^{-1}。1982—2006 年 Thornthwaite 模型模拟的 NPP 具有下降趋势，为 –1.04 g · m^{-2} · a^{-1}，相关分析显示，三江源地区 Thornthwaite 模型模拟的 NPP 与植被 NDVI 呈现不显著负相关关系（见图 6-17）。

1982—2006 年三江源地区综合模型模拟的 NPP 均值为 542.59g · m^{-2} · a^{-1}，其中最大值为 599.54g · m^{-2} · a^{-1}，最小值为 506.92g · m^{-2} · a^{-1}。1982—2006 年综合模型模拟的 NPP 具有下降趋势，为 −0.80 g · m^{-2} · a^{-1}，相关分析显示，三江源地区综合模型模拟的 NPP 与植被 NDVI 呈现不显著负相关关系（见图 6-18）。

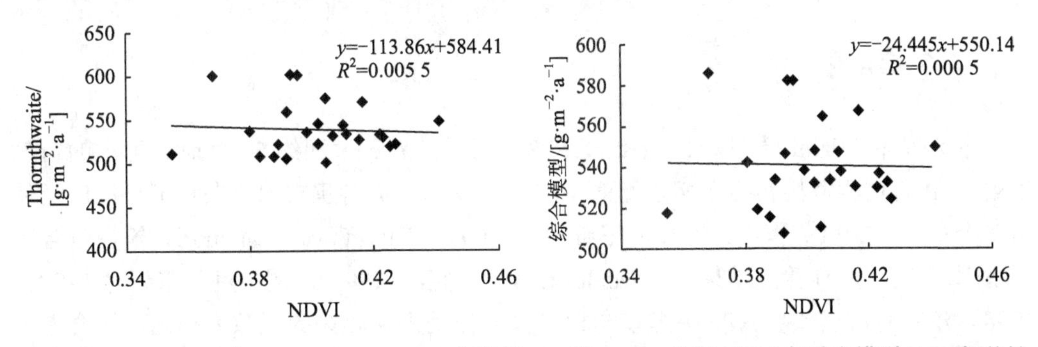

图 6-17　NDVI 与 Thornthwaite NPP 相关性　　图 6-18　植被 NDVI 与综合模型 NPP 相关性

6.2.6　退化草地驱动因素影响力分析

草地退化需要长期作用才能形成。前人研究表明（刘纪远，2008），三江源高寒草地退化格局在 20 世纪 70 年代中后期已经形成，因此我们选取 60 年代为三江源地区基准年。另根据推算（fan 等，2009），60 年代三江源地区家畜年末存栏数约为 1 692.60×10^4 羊单位，而综合模型模拟的 60 年代三江源地区植被净初级生产力为 536.29 g · m^{-2} · a^{-1}，以此为本底数值，我们得到气候变化和放牧活动对草地退化影响率。

从图 6-19 中可知，20 世纪 70 年代和 80 年代气候变化对草地退化产生负影响，分别为 –3.73% 和 –3.48%，而同期家畜年末存栏数较大，放牧活动对草地退化产生正影响也较大，分别为 42.41% 和 28.92%，因此总体上草地退化态势不断加剧。90 年代气候变化对草地退化产生正影响，为 1.31%，同时放牧活动对草地退化产生的正影响下降至 16.18%，因此总体上草地退化态势仍然不断加剧。进入 2000 年以后气候变化对草地退化产生负影响，为 –4.74%，接近于放牧活动对草地退化产生的正影响 5.49%，因此草地退化态势得到初步的控制，局部地区出现好转的现象。总体上我们认为草地超载过牧是草地退化的主要原因，气候变化在其中扮演了复杂的角色。

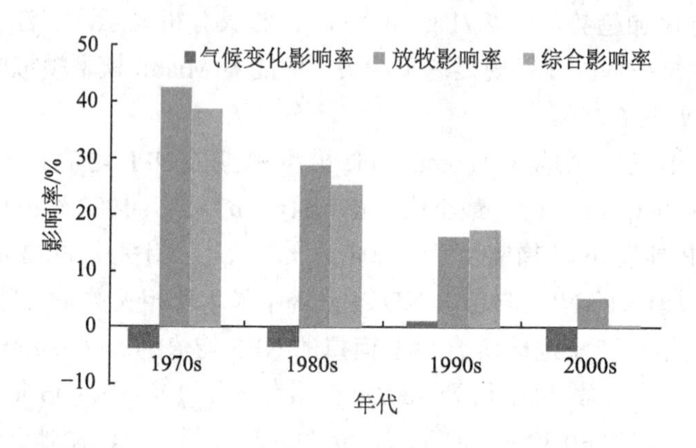

图 6-19 气候变化和放牧活动对草地退化影响率

6.2.7 结论

本研究中 Miami 模型是 H.Lieth（1972）利用世界 5 大洲约 50 个地点可靠的自然植被 NPP 的实测资料和与之相匹配的年均气温及降水资料建立的，在我国已经广泛使用（李军玲，2011；程曼，2012；王维芳，2009）。Thornthwaite Memorial 模型包含的环境因子较全面，计算的结果优于 Miami 模型（张宪洲，1993）。周广胜与张新时（1995，1998）建立的自然植被 NPP 模型以与植被光合作用密切相关的蒸散为基础，综合考虑了各因子的相互作用，并且在全国范围内进行了应用（周广胜，1996）。本研究基于上述三个模型，对青海三江源地区近 50 年来 NPP 变化进行了模拟。三个模型模拟的 NPP 变异系数（0.07、0.06 和 0.04）相对较小，模拟结果具有一定的可靠性。

1961—2010 年研究区气温显著升高、虽然年降水量和湿润程度略有下降，但三个气候模型的模拟结果均显示该地区气候变化导致植被 NPP 具有上升趋势，说明研究区气候变化总体上有利于草地生产力改善。三江源地区家畜年末存栏数 20 世纪 70 年代达到最高值，其后家畜年末存栏数有所下降。Fan（2009）等经过研究也认为 1988—2005 年青海三江源地区夏季草场平均超载 100%，冬季草场平均超载近 200%。Brekke（2007）认为气候变化会导致草地产草量暂时下降，而草地长期过牧则会破坏草地生态系统的稳定性。Sonneveld（2010）在东非干旱草原的研究表明草地退化格局与草地超载过牧格局基本一致。本次研究也发现，研究区 1982—2006 年的植被 NDVI 与家畜年末存栏数存在负相关关系（$P < 0.1$），草地长期超载过牧是研究区草地退化的主要驱动因子，同时气候变化等环境因子也在其中扮演了复杂的角色，分析显示年平均温度与植被 NDVI 呈现显著正相关关系，说明气候变暖有利于植被 NDVI 增加。Miami 模拟的 NPP 与植被 NDVI 呈现显著正相关关系，而降水量、湿润指数、Thornthwaite 和综合模型模拟的 NPP 与植被 NDVI 均没有显著相关性。

鼠害也是研究区普遍存在的现象，前人研究成果表明随着植被盖度和高度降低，高原鼢鼠数量增加（刘伟，1999），鼠害是该区草地初始退化的一个伴生产物（赵新全，2005）。所以退化草地的恢复治理应重点放在减轻草地载畜压力、控制草地现实载畜量方面，同时辅以退牧还草、恶化退化草场治理（围栏封育、补播、人工草地等）、灭鼠以及水土保持等措施。研究表明：轻度退化草地封育 2 ～ 3 年后草地即可得到恢复，中度退化草地需要封育时间更长，重度和极度（黑土滩）退化草地必须通过建植人工草地、结合补播、施肥、毒杂草防除、灭鼠以及其他改良措施（李青云，2006）。随着 2000 年以来研究区草地放牧压力下降，植被 NDVI 状况转好，草地退化态势开始遏制。2005 年开始实施的《青海三江源自然保护区生态保护和建设总体规划》对于降低放牧活动对草地生态系统的影响，恢复已经退化的草地具有重要意义。

另外，虽然总体上草地退化的主要驱动因子是草地超载过牧，但在局部地区也可能受其他因素的影响，例如极端天气、地形条件以及其他人类干扰活动。本研究对于三江源地区制订合理的草地退化治理措施具有借鉴作用。

6.3　果洛藏族自治州草地退化成因分析

青海省果洛藏族自治州是三江源地区高寒草地退化的典型区域，它地处青藏高原腹地的巴颜喀拉山和阿尼玛卿山之间、三江源地区东部，地理上位于北纬 32°21′—35°45′、东经 96°56′—101°45′（韩艳莉，2010）。行政区划上主要有玛多、达日、甘德、玛沁、久治和班玛 6 县，总面积 7.6×10^4km^2。区内平均海拔 4 200m 以上，气候上属高原高寒气候，表现为冷热两季交替、干湿两季分明，年均气温为 –4℃，年均降水量 400 ～ 700mm。草地是该区的主要植被类型，占土地总面积的 71%（http://www.guoluo.gov.cn.），其中高寒草甸占 56%，高寒草原占 15%。土壤类型主要有高山草甸土、高山草原土、灰褐土、栗钙土、沼泽土、风沙土等类型，其中以高山草甸土分布最多（见图 6-20）。

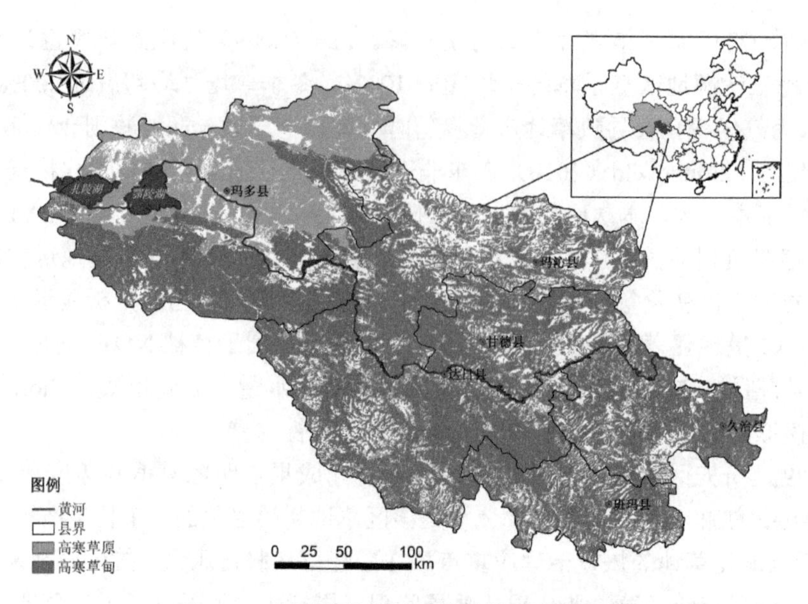

图 6-20 果洛藏族自治州草地类型分布概况

6.3.1 气候变化导致的植被净初级生产力变化

利用基于气象数据计算 NPP 的 Miami 模型、Thornthwaite Memorial 模型和综合自然植被净第一性生产力模型（综合模型），模拟了研究区 1961—2010 年气候变化导致的植被净初级生产力（NPP）的变化。图 6-21 显示，Thornthwaite Memorial 模型和综合模型的 NPP 模拟值较接近，多年 NPP 均值分别为 600.02 $g \cdot m^{-2} \cdot a^{-1}$ 和 576.47 $g \cdot m^{-2} \cdot a^{-1}$，变异系数分别为 0.05 和 0.04。Miami 模型的 NPP 模拟值相对较低，多年 NPP 均值为 459.53 $g \cdot m^{-2} \cdot a^{-1}$，变异系数为 0.08。1961—2010 年 Thornthwaite Memorial 模型和综合模型模拟的 NPP 具有增加趋势，但趋势不显著，分别为 0.30 $g \cdot m^{-2} \cdot a^{-1}$ 和 0.36 $g \cdot m^{-2} \cdot a^{-1}$，Miami 模型模拟的 NPP 具有显著增加趋势，增加速率为 1.62$g \cdot m^{-2} \cdot a^{-1}$。

图 6-21 显示 Thornthwaite Memorial 模型和综合模型的 NPP 年代变化比较一致，均为 80 年代最大，90 年代 NPP 下降幅度较大，但仍然高于 60 年代，2000 年以来 NPP 增长幅度较大，高于 60 年代和 70 年代，但低于 80 年代。Miami 模型模拟的 NPP 自 60 年代以来呈现不断增加趋势，2000 年以来 NPP 达到最大值。植被光合作用与蒸散密切相关，综合模型以此为基础，综合考虑了各因子的相互作用，其模拟的 NPP 介于 Thornthwaite Memorial 模型和 Miami 模型之间，结果比较可靠。

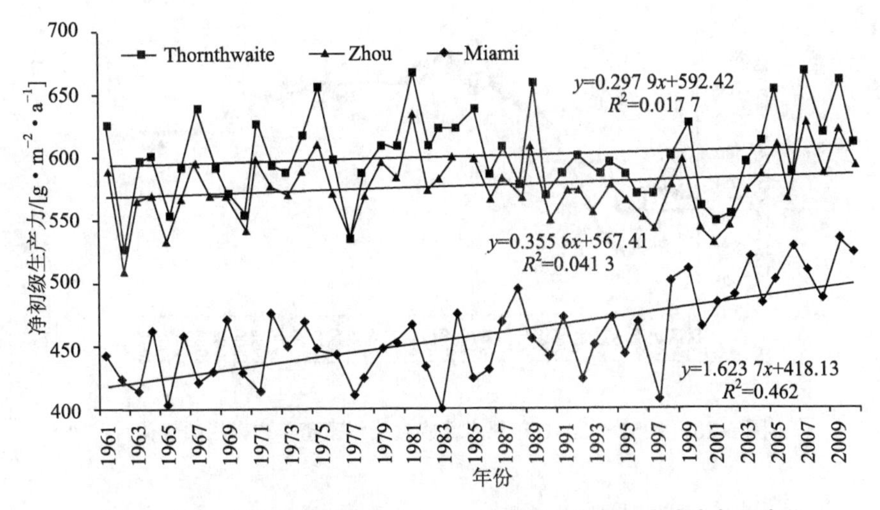

图 6-21　基于气象数据的 1961—2010 年植被净初级生产力年际变化

上述结果表明，研究区气候变化总体上是有利于植被 NPP 增加的，三个模型模拟的 1961—2010 年研究区 NPP 都具有增加趋势（见图 6-22）。同时 Thornthwaite Memorial 模型和综合模型能够刻画 90 年代研究区 NPP 下降过程，但研究区 90 年代 NPP 仍然高于 60 年代，NPP 变化仍处于正常范围内。

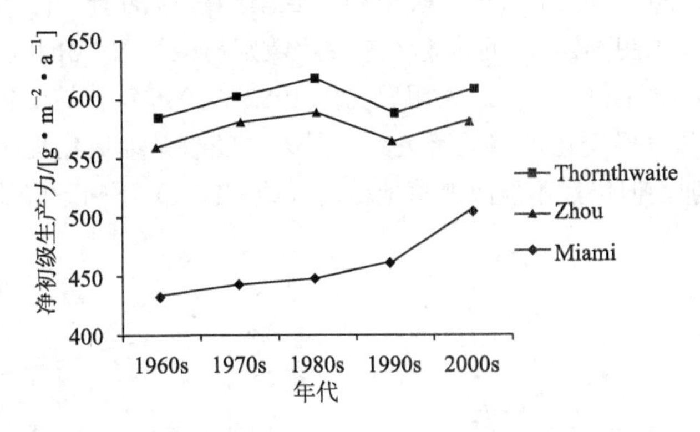

图 6-22　基于气象数据的 1961—2010 年植被净初级生产力年代变化

6.3.2　草地实际载畜量变化

研究区家畜年末存栏数总体上经历了一个急剧增加—缓慢下降的过程，变异系数为 0.29。20 世纪 50 年代的家畜年末存栏数最低，为 321.72×10^4 羊单位；60 年代家畜年末存栏数直线上升，达到 474.62×10^4 羊单位；70 年代达到顶峰为 746.27×10^4 羊单位，相比 50 年代增加 131.96%，比 60 年代增加 57.23%。此后 80 年代和 90 年代家畜年末存栏数一直缓慢下降，至 2000 年以来下降至 571.67×10^4 羊单位，但仍然比 60 年代高 20.45%（见图 6-23）。

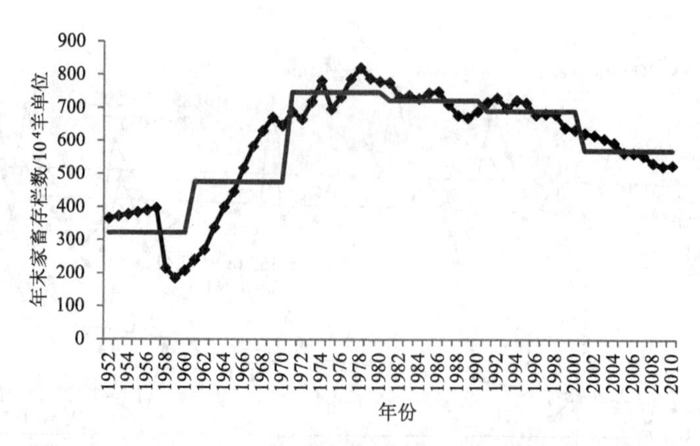

图 6-23　1952—2010 年果洛藏族自治州家畜年末存栏数变化

6.3.3　退化草地 NDVI 变化及其成因分析

研究区 20 世纪 80 年代 $NDVI_{max}$ 较低，90 年代草地退化加剧 $NDVI_{max}$ 进一步下降，2000 年以来退化草地开始恢复，NDVI 状况明显比 80 年代和 90 年代好。相关分析显示，1982—2006 年研究区年平均气温、降水量和湿润指数与植被 NDVI 状况均不显著，Miami 模型、Thornthwaite Memorial 模型和综合模型模拟的研究区 NPP 与植被 NDVI 状况也均不显著（见图 6-24），而家畜年末存栏数则与植被 NDVI 状况呈极显著负相关关系（$P < 0.01$）（见图 6-25）。这表明研究区 1982—2006 年植被变化直接受到人类放牧活动的影响，与气候变化没有显著关系。另外，随着草地退化程度加剧，植被群落中毒杂草比例增加，但仍然不能改变草地盖度（或 NDVI）不断下降的趋势。

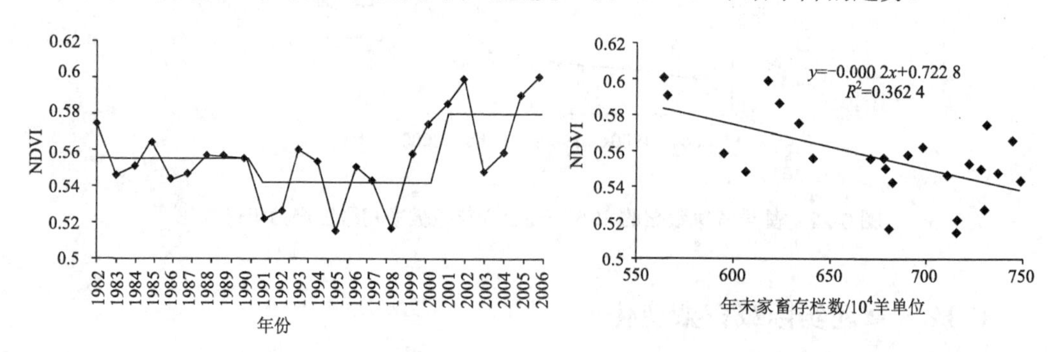

图 6-24　1982—2006 年研究区植被 NDVI 变化　　图 6-25　NDVI 与家畜年末存栏数回归关系

6.3.4　退化草地 NDVI 变化与环境因子相关性分析

1982—2006 年果洛藏族自治州年平均温度均值为 −3.30℃，其中最大值为 −2.00℃，最小值为 −4.78℃。1982—2006 年年平均温度具有增加趋势，为 0.07℃ · a^{-1}，相关分析显示，果洛藏族自治州年平均温度与植被 NDVI 呈现不显著正相关关系（见图 6-26）。

1982—2006 年果洛藏族自治州年降水量均值为 546.83mm，其中最大值为 692.87mm，最小值为 457.17mm。1982—2006 年年降水量具有减少趋势，为 –2.03mm·a^{-1}，相关分析显示，果洛藏族自治州年降水量与植被 NDVI 具有不显著负相关关系（见图 6-27）。

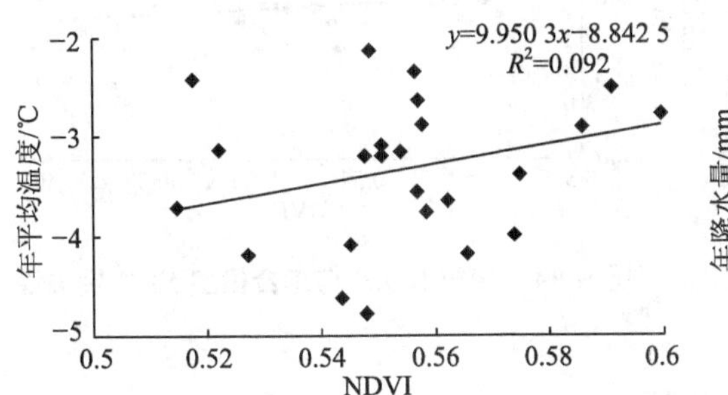

图 6-26　植被 NDVI 与年平均温度相关性

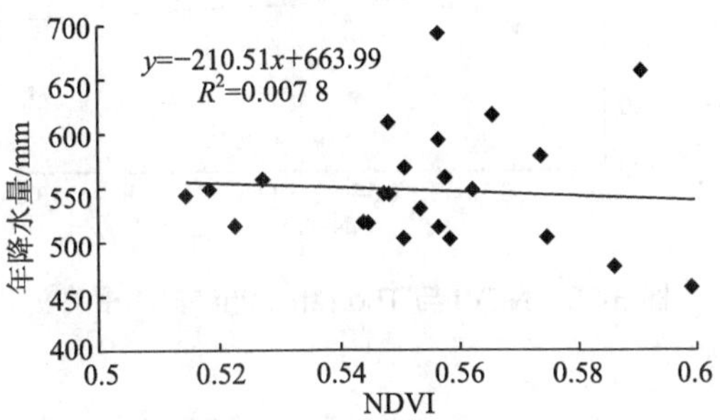

图 6-27　植被 NDVI 与年降水量相关性

1982—2006 年三江源地区湿润指数均值为 –1.28，其中最大值为 33.01，最小值为 –21.09。1982—2006 年湿润指数具有减少趋势，为 –0.65a^{-1}，相关分析显示，三江源地区湿润指数与植被 NDVI 具有不显著负相关关系（见图 6-28）。

1982—2006 年三江源地区 Miami 模型模拟的 NPP 均值为 466.28g · m^{-2} · a^{-1}，其中最大值为 528.42 g · m^{-2} · a^{-1}，最小值为 401.91g · m^{-2} · a^{-1}。1982—2006 年 Miami 模型模拟的 NPP 具有增加趋势，为 3.03 g · m^{-2} · a^{-1}，相关分析显示，三江源地区 Miami 模型模拟的 NPP 与植被 NDVI 呈现不显著正相关关系（见图 6-29）。

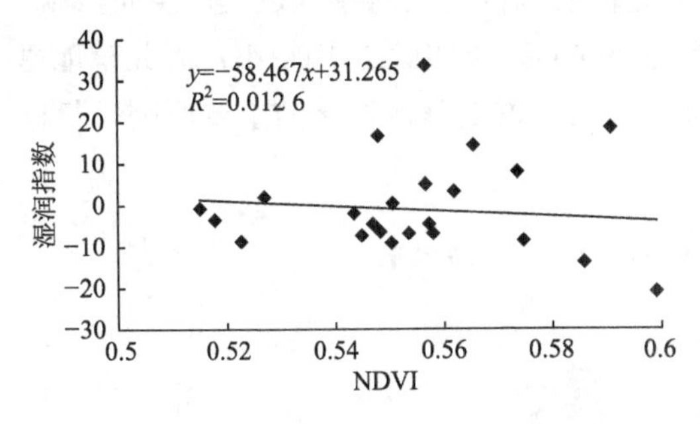

图 6-28　植被 NDVI 与湿润指数相关性

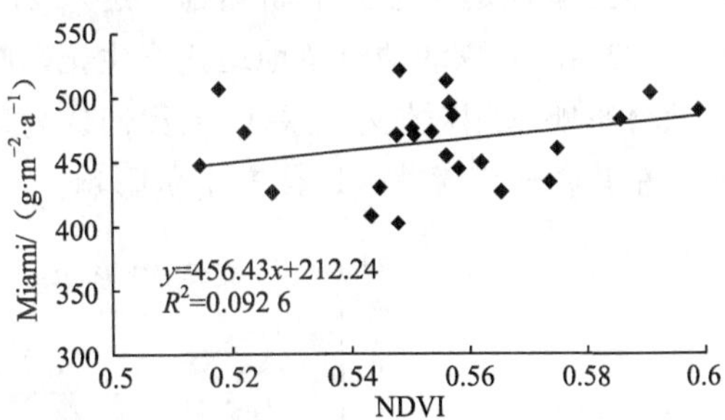

图 6-29　NDVI 与 Miami 模型 NPP 相关性

1982—2006 年三江源地区 Thornthwaite 模型模拟的 NPP 均值为 595.86g · m^{-2} · a^{-1}，其中最大值为 657.66 g · m^{-2} · a^{-1}，最小值为 546.80 g · m^{-2} · a^{-1}。1982—2006 年 Thornthwaite 模型模拟的 NPP 具有下降趋势，为 –1.14 g · m^{-2} · a^{-1}，相关分析显示，三江源地区 Thornthwaite 模型模拟的 NPP 与植被 NDVI 呈现不显著负相关关系（见图 6-30）。

1982—2006 年三江源地区综合模型模拟的 NPP 均值为 573.41g · m^{-2} · a^{-1}，其中最大值为 613.62 g · m^{-2} · a^{-1}，最小值为 535.19 g · m^{-2} · a^{-1}。1982—2006 年综合模型模拟的

NPP 具有下降趋势，为 $-0.69\,g\cdot m^{-2}\cdot a^{-1}$，相关分析显示，三江源地区综合模型模拟的 NPP 与植被 NDVI 呈现不显著负相关关系（见图 6-31）。

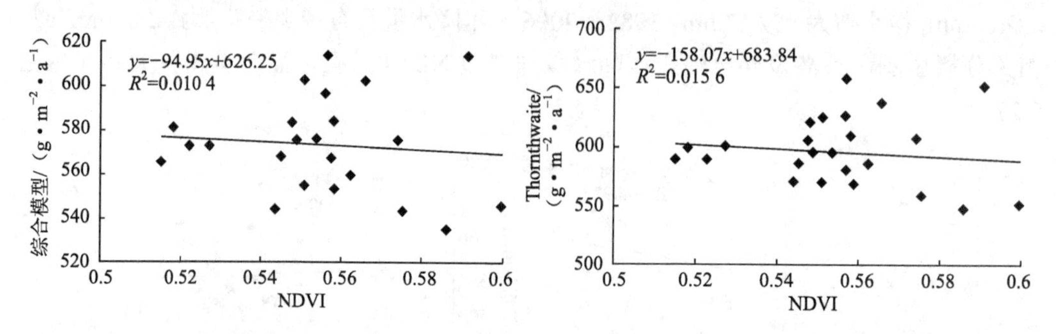

图 6-30　NDVI 与 Thornthwaite NPP 相关性　　图 6-31　植被 NDVI 与综合模型 NPP 相关性

6.3.5　退化草地驱动因素影响力分析

以 20 世纪 60 年代果洛藏族自治州气候变化和家畜年末存栏数为本底数值，我们得到气候变化和放牧活动对果洛藏族自治州草地退化的影响率。

从图 6-32 中可知，20 世纪 70 年代和 80 年代果洛藏族自治州气候变化对草地退化产生负影响，分别为 –3.37% 和 –4.76%，而同期家畜年末存栏数较大，放牧活动对草地退化产生正影响，分别为 57.23% 和 52.08%，因此总体上果洛藏族自治州草地退化态势不断加剧。90 年代气候变化对果洛藏族自治州草地退化仍然产生负影响，不过值较小，为 –0.90%，同时放牧活动对草地退化产生的正影响仍然很大，为 45.42%，因此总体上草地退化态势不断加剧。进入 21 世纪以后气候变化对草地退化产生负影响，为 –4.33%，放牧活动对草地退化产生正影响为 20.45%，但相对前期较小，因此草地退化综合影响率相对较小。总体上我们认为草地超载过牧是草地退化的主要原因，气候变化在其中一直对草地退化产生负影响。

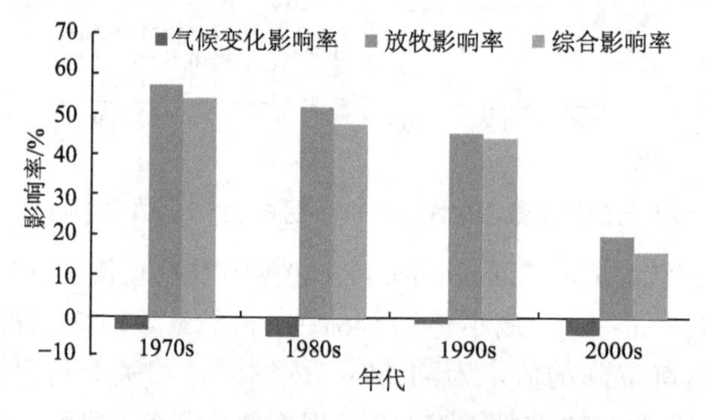

图 6-32　气候变化和放牧活动对草地退化影响率

6.4　三江源地区高寒草地保护方案和对策分析

基于上述研究，我们认识到导致三江源地区高寒草甸和高寒草原退化的主导因素是草地过牧、超载现象严重，草地载畜压力指数居高不下。因此，该区高寒草甸和高寒草原退化治理和草地保护的首要行动是实施退牧还草、以草定畜，降低草地载畜压力，逐步减轻天然草地的负荷，使自然生态和牧业生产相对平衡，保持生态良好和可持续发展。另外，一些辅助措施和途径可以加快实现以草定畜、退化草地治理和天然草地恢复的目标，同时又可以妥善安排三江源区牧民群众的生产和生活。

6.4.1　以草定畜

以保护三江源地区高寒草地为目标，根据三江源地区的实际情况，本研究初步提出以下四种方案核定草地合理载畜量：①以 2001—2011 年草地理论载畜量均值为各县草地合理载畜量，不考虑冬季、夏季牧场，不考虑产草量极低年份。②以 2001—2011 年冬季、夏季牧场理论载畜量中较低值的均值为各县草地合理载畜量，不考虑产草量极低年份。③以 2001—2011 年草地理论载畜量极低值为各县草地合理载畜量，不考虑冬季、夏季牧场。④以 2001—2011 年冬季、夏季牧场理论载畜量中较低值的最低值为各县草地合理载畜量，充分考虑冬季、夏季牧场差别和产草量年际变化。

表 6-3　三江源各县草地合理载畜量

载畜量 / ($\times 10^4$ 羊单位)	方案 1	方案 2	方案 3	方案 4
治多县	126.77	92.78	99.05	71.76
曲麻莱县	127.12	88.26	105.62	72.46
兴海县	54.31	50.97	37.08	31.24
玛多县	85.81	74.11	62.01	53.74
同德县	34.78	33.92	25.71	24.57
泽库县	70.60	60.75	55.88	47.00
玛沁县	69.33	52.81	56.27	43.69
称多县	87.50	66.86	67.35	52.01
河南	80.95	75.39	66.79	62.20
杂多县	130.22	79.35	100.26	59.74
甘德县	54.46	49.70	43.41	39.34
达日县	80.33	62.89	64.86	50.58
玉树县	111.32	101.28	83.15	74.88
久治县	67.76	47.21	54.75	38.25
班玛县	35.64	32.23	28.25	25.38
囊谦县	95.55	77.30	75.34	59.80
三江源	1 312.44	1 045.81	1 025.77	806.63

从表6-3中可知，三江源地区2011年家畜年末存栏数为1 913.74万羊单位，距离方案1、方案2、方案3、方案4的合理载畜量还有一定差距，因此三江源地区各县应该积极开展以草定畜、减畜减压、围栏禁牧、保护草场的行动，降低各县家畜存栏头（只）数。

6.4.2 其他辅助政策和措施

（1）人工增雨

三江源地区主体部分处于干旱/半干旱地区，因此在整个生态环境体系中，水是其中的核心要素，对生态环境的变迁起着决定性的作用。三江源地区退牧还草、天然草地恢复和防止高寒草原荒漠化、沙化都离不开降水。三江源地区云层较低，空气中丰富的水汽资源，积极进行人工增雨有助于草地恢复和草地生产力的提高，增加草地的理论载畜量。因此，开发空气中水资源、选择典型草地退化区进行人工增雨是一项有效的措施。

在三江源地区各流域中，黄河源地区年降水量呈现下降趋势，对草地退化治理和天然草地恢复不利。通过近几年在黄河上游实施人工增雨作业的效果来看，经牧草资料分析表明，在光、热相同的年份，由于开展人工增雨使牧草产量增加两成以上，平均每亩增加牧草产量35kg。水环境、地表植被的改善，又有利于保持水土，为生物提供更为广阔的生存环境。此外，通过人工增雨可以净化大气，增加土壤水分，能有效遏止沙尘暴等恶劣天气的发生，有利于大气环境的保护（三江源生态保护总体规划，2005）。

（2）鼠害治理

根据前人的研究（赵新全，2005a），伴随草地初始退化出现的鼠虫和毒杂草泛滥危害是加速高寒草甸退化的重要因子，贡献率为15.03%。在高原鼢鼠和高原鼠兔的挖掘破坏下，高寒草地植被根系层衰退，草皮出现裂缝，进而崩塌剥离，进而演替形成“黑土滩”型次生裸地（周兴民，2001）。

2005年三江源区发生鼠害面积约9 666万亩，占三江源区总面积的17%，占可利用草场面积的33%，高原鼠兔、鼢鼠、田鼠数量急剧增多。黄河源区有50%以上的黑土型退化草场是因鼠害所致。严重地区有效鼠洞密度高达89个/亩（三江源生态保护总体规划，2005）。

近年来经过三江源地区各级政府和部门的共同努力，鼠害防治工作取得了明显的成效。截至2009年年底，完成鼠害防治面积586.43×$10^4$$hm^2$，植被盖度和草丛高度显著提高，草地生态环境得到改善，有效地控制了草原鼠虫害的发生和蔓延，缓解了防治区的草畜矛盾，对保护天然草原起到了积极的作用，具有显著的生态效益、经济效益和社会效益（石凡涛，2012）。

（3）围栏封育和人工种草

三江源地区高寒草地退化后由于土壤营养成分流失形成肥力非常差的“黑土滩”，上面只能生长毒杂草或裸露光秃。马玉寿等（1998）经过多年研究发现通过对“黑土滩”进行翻耕、施肥和播种披碱草能够使土壤肥力得到改善。该方法现已在果洛藏族自治

州玛沁县进行示范推广。

然而在三江源地形起伏度较大地区，不适合人工种草来恢复植被，只能利用人工辅助的方式建立围栏，进行封山育草，通过减少人畜活动，改善局部地区生态条件，逐年恢复原生植被来遏制草地退化进程，进一步恢复原有生境。因此，我们应该一方面引导、鼓励牧民开展围栏养畜、贮备饲料、舍饲补饲，另一方面制订合理的草场利用及放牧计划，确定放牧牲畜数量、放牧天数及利用强度，在合理载畜的界值，获取最佳的经济效益。

（4）生态移民

生态移民主要是针对三江源地区超过草地承载能力的人口实行迁移，或对天然草地承载能力以内的人口实行集中聚居，从而减少草地的放牧压力，促进天然草地的自我恢复。

由于草地超载过牧是三江源地区草地退化的主导因素，而放牧是当地牧民主要的生产经营方式。通过生态移民，可以把当地零散分布的牧民集中起来聚居，使他们脱离牧场、放弃放牧，给草地一个休养生息的时间。同时国家提供就业政策和技术培训，并进行生活补贴，使牧民改变以往的生产方式，降低草场的现实载畜量，从而实现以草定畜、减畜减压和保护天然草地的目标。

生态移民与退牧还草紧密结合是一项减轻草场压力的根本性措施，三江源地区在牧民自愿的前提下，实施生态移民，引导有条件的牧民到城镇定居，为发展城镇经济创造条件；并通过小城镇建设、基础教育建设、牧区能源建设等保障措施，改善牧区生活环境（三江源生态保护总体规划，2005）。

（5）生态补偿

生态补偿是指以保护和可持续利用生态系统服务为目的，主要以经济手段来调节相关者利益关系的制度安排，它将无具体市场价值的环境换成了真实的经济要素，是保护生物多样性、生态系统产品和服务的新途径（Engel，2008；Wendland，2010；Gauvin，2010）

三江源地区生态系统服务功能的维持对我国江河中下游地区的生态环境安全及可持续发展至关重要，而生态补偿又是三江源自然保护区建立和维持的关键手段，从而在该地区进行合理、有效的生态补偿对于保障我国生态安全、促进区域和谐发展举足轻重（李屹峰，2013）。三江源地区牧民的经济收入绝大多数是来自牲畜养殖和放牧，生态移民工程使牧民们完全失去了这些收入，因此应该以此为载体来核算补偿标准，弥补牧民的损失。

总之，三江源生态保护和建设工程实施以来，取得了许多生态恢复和建设方面的好的经验和有效措施，对该地区的生态恢复起到了重大作用。目前三江源地区草地的超载状况较以前已得到明显改观，三江源地区高寒草地保护已经取得了初步的生态成效，这些成果的取得是自然气候因素和工程因素共同作用的结果，但目前全区草地仍处于超载状态中，生态系统的恢复远未达到理想的状态，以草定畜、减畜减压工作仍任重道远。

第7章 研究结论与展望

7.1 主要结论

近几十年来，青海三江源地区草地退化严重。本研究尝试利用长期历史资料，结合遥感数据，应用GIS手段和统计方法，在掌握了三江源草地退化现状及其他环境因子的情况下，分别从气候变化和人类放牧活动对草地的影响两个方面进行分析，以探讨青海三江源地区草地退化成因、过程及保护对策，同时也可为我国其他地区草地退化恢复和草地保护提供借鉴。

研究主要结论如下：

（1）三江源地区退化草地的空间分布格局在20世纪70年代已经基本形成，而草地退化过程自70年代中后期至2004年仍在继续发生，之后出现草地退化态势得到初步的控制，局部地区出现好转的现象。

（2）三江源地区受水热条件的影响，东南部$NDVI_{max}$值较高，西北部较低。1998—2012年三江源地区$NDVI_{max}$值总体呈上升趋势，空间上中部长江源头和黄河源头地区$NDVI_{max}$具有增加趋势，其中黄河源头地区$NDVI_{max}$增加趋势比较明显，东部和南部局部地区$NDVI_{max}$具有下降趋势。海拔4 000～5 000m是$NDVI_{max}$增长的主要区域。植被类型中阔叶林和针叶林$NDVI_{max}$增加速率最大，其次为草甸和草原。除面积较小的海拔2 500～3 500m地区外，随着海拔升高CV值增加。同时，无植被地区CV值最大，其次为高山植被，针叶林CV值最小。1998—2012年三江源地区总体上$NDVI_{max}$值具有极显著增加趋势（$P < 0.01$）。

（3）随着高寒草地随退化程度的加剧，优势种所占的比例逐渐下降，禾草类、莎草类等优质牧草比例也同时在下降，而杂类草所占比例明显升高，草地出现逆向演替。随着草地退化程度加剧，土壤呼吸速率下降，土壤湿度下降，土壤温度上升。未退化嵩草草甸土壤呼吸速率是退化后期黑土滩土壤的2倍。白天未退化嵩草草甸和退化中期的黑土滩土壤呼吸速率随时间变化而显著增加，但是在14时和15时土壤呼吸速率下降，可能与温度上升过高有关。退化后期黑土滩随着温度增加，从12时开始土壤呼吸速率下降。14时和15时土壤呼吸速率又上升。

（4）1966—2010年青海三江源地区年平均温度显著上升，约为0.37℃·（10a）$^{-1}$，是我国增温速率较快地区。各江河源区年平均温度也显著上升，其中澜沧江源地区增温速率最快为 0.39℃ ·（10a）$^{-1}$，其次为黄河源地区 0.38℃ ·（10a）$^{-1}$，长江源地区增温速率为 0.35℃ ·（10a）$^{-1}$。三江源地区秋、冬季增温速率较大，春季增温速率较小。2000 年以来是近 45 年来三大江河源地区年平均温度最高的时期。

近 45 年来三江源地区秋季降水量呈现减少趋势，春、夏、冬三季降水量呈现增加趋势。其中黄河源地区降水量减少趋势最大，这可能是该地区草地退化、沙化现象相对严重的驱动因素之一。三江源地区年降水量在 20 世纪 80 年代均较多，90 年代为低值期，对牧草产量影响较大，再加上家畜存栏数量居高不下，导致三江源地区草地退化、沙化程度加剧。2000 年以来三江源地区年降水量有所增加，对于当地生态保护和建设十分有利，但仍然低于 80 年代水平。

近 45 年来青海三江源地区湿润程度表现出略微增加趋势，其中春季湿润指数升高显著，可能与该地区 2003 年以来降水量增多且春季降水增加显著有关。三江源地区湿润程度在 80 年代较高，90 年代处于相对干旱时期，2000 年以来湿润程度有所增加，但仍然低于 80 年代水平。长江源和澜沧江源区均表现出暖湿趋势，而黄河源地区表现出暖干趋势，尤其是夏、秋季暖干趋势，对该地区草地恢复和畜牧业生产的不利影响较大。

（5）从空间上看，青海三江源地区年总辐射介于 4 590.58 ～ 5 610.22 MJ ·m^{-2} 之间，从东南至西北年总辐射逐渐降低。2001—2011 年青海三江源地区年总辐射具有下降趋势，下降速率为 21.94 MJ · m^{-2} · a^{-1}。植被净第一性生产力（NPP）直接反映了植被群落在自然环境条件下的生产能力。青海三江源地区从东南至西北 NPP 逐渐降低，这与该地区水热条件和海拔高度变化相一致。2001—2011 年青海三江源地区 NPP 具有增加趋势，但未达到显著水平，增加速率为 1.26 g · C · m^{-2} · a^{-1}。

青海三江源地区草地产草量空间格局与 NPP 基本一致。2001—2011 年青海三江源地区从东南至西北产草量逐渐降低，青海三江源地区近 11 年来产草量具有增加趋势，但未达到显著水平，增加速率为 0.93g ·m^{-2} ·a^{-1}，大部分地区草地产草量具有增加的趋势，只有东南部湿润区和西部少数高寒荒漠地区草地产草量具有减少趋势。2001—2011 年三江源地区理论载畜量在波动中略有上升，这与该区产草量的变化过程一致。三江源地区家畜年末存栏数在波动中略有上升，但没有达到显著水平。近 11 年来三江源家畜年末存栏数均值为 1 797.13 万羊单位。近 11 年三江源地区载畜压力指数在波动变化，总体具有下降趋势。其中夏季牧场载畜压力指数较低，冬季牧场载畜压力指数较高。近 11 年来三江源地区综合载畜压力指数均值为 1.80，其中 2010 年综合载畜压力指数最低为 1.44，2003 年综合载畜压力指数最高为 2.15。三江源地区仍然处于草地超载、过度放牧的状态。

（6）近 45 年来三江源地区气候变化总体上有利于该区草地生产力改善。从宏观上来看，气候变化不是本区草地退化的主要原因。三江源地区自 20 世纪 60 年代家畜年末存栏数剧烈上升，变化幅度较大，草地实际载畜量过大造成草地超载过牧，导致草地退化。年平均气温与植被NDVI呈显著正相关关系，说明气候变暖有利于植被NDVI增加。家畜年末存栏数与植被NDVI状况呈负相关关系，因此草地长期超载过牧是本区草地退化的主要原因，气候变化在其中扮演了复杂的角色。退化草地的恢复治理的重点应放在减轻放牧压力、控制载畜量方面，同时辅以其他人工措施。

（7）三江源地区通过自然保护区生态保护与建设工程的实施，生态系统总体上表现出草地退化态势得到初步的控制，局部地区出现好转。三江源地区2011年家畜年末存栏数为1 913.74万羊单位，距离合理载畜量还有一定差距，因此该区应该积极全面开展以草定畜、人工增雨、鼠害治理、围栏封育、人工种草、生态移民和生态补偿等保护草场的行动。虽然目前三江源地区高寒草地保护已经取得了初步的生态成效，但这些成果的取得是自然气候因素和工程因素共同作用的结果。为此，应该充分认识到生态系统恢复任务的长期性和艰巨性，建立长效的生态保护和恢复机制。

7.2 研究展望

本研究基于气象、遥感和统计等数据，初步分析了青海三江源地区高寒草甸和高寒草原退化主要成因，并核定了三江源地区各县草地合理的载畜量，提出了以草定畜、人工增雨、鼠害治理、围栏封育、人工种草、生态移民和生态补偿等保护对策，但研究的深度还不够，研究方法的精确性有待提高，另外三江源地区内部地形、地理条件错综复杂，人类活动格局及其对自然生态系统影响各异，提出的保护对策与措施离具体实施还有一定距离。展望未来，发现尚有下列问题还需解决和深入研究：

（1）研究区资料和数据的进一步收集完善

本研究利用基于光能利用率的GLOPEM模型进行NPP模拟和产草量计算，在对模型参数进行本地化的过程中，采用的地面样方数量不够多，样方覆盖区域不够广，参数也没有体现出具体的区域性，由此导致模拟结果没有体现出区域差异。同时，本研究缺乏多年草地样方数据来验证和说明草地退化对高寒草甸、高寒草原盖度、高度和物种丰富度的影响。另外，高分辨率和长时间尺度的遥感图像记录了三江源地区草地退化的整个过程，需要进一步研究过程中进行搜集和利用。

（2）研究手段和方法的丰富

除了遥感和GIS手段，其他多种统计方法例如层次分析法也可应用到本研究中来。层次分析法能够对复杂的决策问题、影响因素及其内在关系等进行深入分析的基础上，利用较少的定量信息使决策的思维过程数学化，从而为多目标、多准则或无结构特性的复杂决策问题提供简便的决策方法，尤其适合于对决策结果难以直接准确计量的场合。另外，人工神经网络考虑了网络连接的拓扑结构、神经元的特征、学习规则等，其模拟方法也可应用到本研究中来。

（3）研究结果的实证调查

基于PRA（Participatory Rural Appraisal）的牧户调查访问也是了解草地退化过程

和当地牧民对此的响应的好方法。通过访谈年长的牧民们，记录他们对草地变化的印象和认识，以及他们挽救自己的草场、维持放牧活动所采取的具体措施，我们可以对此进行归纳总结，找到印证本研究的看法和观点，进而了解三江源地区草地退化的驱动因子和各类保护政策措施的区域性和局限性。

（4）研究成果的示范推广

本研究初步分析了青海三江源地区高寒草甸和高寒草原退化主要成因，并提出了一些比较虚、不接地气的保护对策。如果能够根据实际情况，在三江源地区选择一个小区域（如一个县或一个乡），按照本研究的思路和方法，分析草地退化的成因、制订草地保护的对策并进行几年的实践示范和推广，相信能产生更加积极和深远的影响。

近年来，随着气候变化和人类活动对生态系统影响和改造的加剧，三江源地区高寒草地退化治理和恢复面临新的机遇和挑战。一方面三江源地区经济发展水平低、气候条件和地形地貌复杂、生态环境脆弱，面临着转变发展方式、保护生态环境和实现可持续发展的严峻形势；另一方面我们可以凭借三江源地区独特的自然环境特点吸引国际上生态保护组织和协会关注和参与高寒草地生态系统恢复的研究工作；同时我们也需要转变传统观念，引入国际上先进的草地恢复和管理的技术和经验，因地制宜，制订三江源地区高寒草地生态系统保护措施。如何行之有效地应用国际和国内研究成果于三江源高寒草地治理和恢复实践工作，将是未来三江源地区高寒草地生态系统保护的重要方面之一。

参考文献

[1] Adler P B，Raff D A，Lauenroth W K. The effect of grazing on the spatial heterogeneity of vegetation. Oecologia. 2001, 128(4):465-479.

[2] Allen R G，Pereira L S，Raes D，et al.. Crop evapotranspiration-guidelines for computing crop water requirements-FAO irrigation and drainage paper 56. FAO-Food and Agriculture Organization of the United Nations. Rome，1998.

[3] Anderson G L, Hanson J D, Hass R H. Evaluating langsat the matic mapper derived vegetation indics for estimating above–ground biomass 11 semiarid ranglands remote sensing of environment, 1993, 45:165-175.

[4] Brekke K A，Oksendal B，Stenseth N C. The effect of climate variations on the dynamics of pasture–livestock interactions under cooperative and noncooperative management. PNAS，2007，104(37)：14730-14734.

[5] Cao M, Prince S D, Small J, et al.. Satellite remotely sensed interannual variability in terrestrial net primary productivity from 1980 to 2000. Ecosystems, 2004, 7: 233-242.

[6] Chen J M, Liu J, Cihlar J, et al.. Daily canopy photosynthesis model through temporal and spatial scaling for remote sensing applications. Ecological Modelling, 1999, 124: 99-199.

[7] Chen L, Gao Y, Yang L, et al.. MODIS–derived daily PAR simulation from cloud–free images and its validation. Sol Energy, 2008, 82: 528-534.

[8] Chou W W, Silver W L. The sensitivity of annual grassland carboncycling to the quantity and timing of rainfall. Global Chang Biology. 2008.14(6): 1382-1394.

[9] Collatz G J, J T Ball, C Grivet et al.. Physiological and environmental regulation of stomatal conductance, photosynthesis and transpiration: a model that includes a laminar boundary layer. Agriculture For Metrology, 1991, 54: 107-136.

[10] Del Grosso S, Parton W. Global potential net primary production predicted from vegetation class, precipitation and temperature. Ecolcogy. 2008. 89(8):2117-2126.

[11] Engel S Pagiola, S Wunder. Designing payments for environmental services in theory and practice: an overview of the issues. Ecological Economics，2008, 65 (4) : 663-674.

[12] Fan J W，Shao Q Q，Liu J Y. Assessment of effects of climate change and grazing activity on grassland yield in the TRHR of Qinghai–Tibet Plateau，China. 2009，DOI 10.1007/s10661-009-1258-1.

[13] Field C B. Global net primary production: combining ecology and remote sensing. Remote Sensing Environment. 1995, 51:74-88.

[14] Gao W, Gao Z Q. Impacts of seasonal climate on net primary productivity in Xinjiang, 1981—2000. Remote sensing and modeling of ecosystems for sustainability. 2004, 55(4):534-552.

[15] Gao Y Z, Giese M. Below ground net primary productivity and biomass allocation of a grassland in inner mongollia is affected by grazing intensity. Plant and Soil.2008，307(1):41-50.

[16] Gauvin C，Uchida E，Rozelle S，et al.. Cost-effectiveness of payments for ecosystem services with dual goals of environment and poverty alleviation. Environmental Management，2010, 45(3) : 488-501.

[17] Gill R A, Kelly R H, Parton W J, et al.. Uding simple environmental variables to estimate below-ground productivity in grasslands. Global Ecology and Biogeography. 2002, 11:79-86.

[18] Goetz S J, Prince S D, Goward S N, et al.. Satellite remote sensing of primary production: an improved production efficiency modeling approach. Ecological Modelling, 1999, 122: 235-255.

[19] Goetz S J，Prince S D，Small J，et al.. Interannual variability of global terrestrial primary production: results of a model driven with satellite observations. Journal of Geophysical Research, 2000, 105, 20077-20091.

[20] Han L J, Wang P X, Yang H, et al.. Study on NDVI-Ts space by combining LAI and evapotranspiration. Science in China : Series D Earth Sciences, 2006, 49(7):747-754.

[21] Hua W，Fan G Z，Zhou D W, et al.. Preliminary analysis on the relationships between Tibetan Plateau NDVI change and its surface heat source and precipitation of China. Sci China Ser D-Earth Sci, 2008, 51(5): 677-685.

[22] Hustchinson M F. Anusplin Version 4.2 User Guide.

[23] Hutchinson M F. Interpolation of rainfall data with thin plate smoothing splines I two dimensional smoothing of data with short range correlation.Geographic Information Decision Analysis, 1998, 2: 153-167.

[24] IPCC, Climate Change 2007：Synthesis Report. Contribution of Working Groups I，II and III to the Fourth Assessment Report of the Intergovernmental Panel on Climate Change [Core Writing Team，Pachauri，R.K and Reisinger，A.(eds.)]. IPCC，Geneva，Switzerland，104.

[25] Klein J A，Harte J，Zhao X Q. Experimental warming causes large and rapid species loss，dampened by simulated grazing，on the Tibetan Plateau. Ecology Letters，2004, 7(12):1170-1179.

[26] Laake P E, Azofeifa G A. Simplified atmospheric radiative transfer modeling for estimation incident PAR using MODIS atmosphere products. Remote Sensing of Environment, 2004，91:98-113.

[27] Lieth H，Box E. Evapotranspiration and primary production：C.W.Thornthwaite Memorial Mode. Publications in climatalogy，1972，25(2)：37-46.

[28] Lieth H. Modeling the productivity of the world. Nature and Resources，UNESCO Paris，1972：5-10.

[29] Liu H Q，Huete A R. A feedback based modification of the NDVI to minimize canopy background and atmospheric noise. IEEE Transactions Geoscience and Remote Sensing，1995, 33(2)：457-465.

[30] Liu J Y , Liu M L , Tian H Q，et al.. Spatial and temporal patterns of China's cropland during 1990—2000: an analysis based on Landsat TM data. Remote Sensing of Environment, 2005, 98: 442-456.

[31] Liu J Y, Xu X L, Shao Q Q. Grassland degradation in the "Three-River Headwaters" region，Qinghai Province. Journal of Geographical Sciences，2008，18(3)：259-273.

[32] Liu R G，Chen J M，Liu J Y，et al.. Application of a new leaf area index algorithm to China's landmass using MODIS data for carbon cycle research. Journal of Environmental Management，2007, 85, 649-658.

[33] Maosheng Zhao, Steven W Running. Drought-Induced Reduction in Global Terrestrial Net Primary Production from 2000 through 2009. Science，2010，329（5994）：940-943.

[34] Olofsson P, Eklundh L. Estimation of absorbed PAR across Scandinavia from satellite measurements. Part II: Modeling and evaluating the fractional absorption. Remote Sensing of Environment, 2007a, 110: 240-251.

[35] Olofsson P, Laake P E, Eklundh L. Estimation of absorbed PAR across Scandinavia from satellite measurements Part I: Incident PAR 2007，110: 252-261.

[36] Panario D，Bidegain M. Climate change effects on grasslands in Uruguay. Climate Research. 1997, 9(2):37-40.

[37] Penman H C. Natural evapotranspiration from open water，bare soil and grass. Proc.R.Soc. Lond.Ser.A，1948，193：120-145.

[38] Piao SL, Ciais P, Huang Y, et al.. The impacts of climate change on water resources and agriculture in China. Nature, 2010, 467, 43-51.

[39] Prince S D, Goward S N. Global primary production: a remote sensing approach. Journal of Biogeography, 1995, 22: 815-835.

[40] Raich J W, Rastetter E B, Melillo J M, et al.. Potential net primary productivity in southern America: application of a global model. Ecological Application, 1991, 1:399-429.

[41] Richard G A, Luis S P，Dirk R，et al.. Crop evapotranspiration- Guidelines for computing crop water requirements. FAO Irrigation and drainage paper 56，1998，http://www.fao.org/docrep/x0490e/x0490e00.htm.

[42] Running S W, Coughlan J C. A general model of forest ecosystem processes for regional application I. Hydrological balance, canopy gas exchange and primary production processes. Ecological Modelling, 1988, 42: 125-154.

[43] Running S W, Coughlan J C. A general model of forest ecosystem processes for regional application I. Hydrological balance, canopy gas exchange and primary production processes. Ecol Model, 1988, 42: 125-154.

[44] Ryan M G. A simple method for estimating gross carbon budgets for vegetation in forest ecosystems. Tree Physiol, 1991, 9: 255-266.

[45] Sonneveld B G J S，Pande S，Georgis K. Land degradation and overgrazing in the afar region，Ethiopia：a spatial analysis. Land Degradation and Desertification：Assessment，Mitigation and Remediation，2010，Part 2，97-109，DOI：10.1007/978-90-481-8657-0_8.

[46] Taylor B F. Determinnation of seasonal and inter-annal variation in New Zealand pasture growth from NOAA-7 data. Remote Sensing of Environment. 1985, 18:177-192.

[47] Thornthwaite C W. An approach toward a rational classification of climate. Geographical Review，1948，38（1）：55-94.

[48] Todd S W, Hoffer R M, Milchunas D G. Biomass estimation on grazed and ungrazed rangland using spectral indices. International journal of remote sensing，1998，19(3):427-438.

[49] Wang J B, Liu J Y, Cao M K, et al.. Modelling carbon fluxes of different forests by coupling a remote-sensing model with an ecosystem process model. International Journal of Remote Sensing, 2011, 32: 6539-6567.

[50] Weiss E, Marsh E P, Firman E S. Applicationg of NOAA-AVHRR time-series data to assess changes in Saudi Arabia's Ranglands. International Journal of Remote Sensing, 2001, 22(6): 1005 -10027.

[51] Wendland K J，Honzák M，Portela R，et al.. Targeting and implementing payments for ecosystem services:Opportunities for bundling biodiversity conservation with carbon and water services in Madagascar. Ecological Economics，2010，69 (11) :2093-2107

[52] Weng E S, Luo Y Q. Soil hydrological properties regulate grassland ecosystem responses to multifactor global chang: A modeling analysis. Jouranal of Geophysical Research，2008，113.

[53] Wu S H，Yin Y H，Zheng D. Moisture conditions and climate trends in China during the period 1971—2000. International Journal of Climatology，2006，26(2)：193-206.

[54] Xiao X M, Hollinger D, Aber J, et al.. Satellite-based modeling of gross primary production in an evergreen needle leaf forest. Remote Sensing of Environment, 2004a, 89: 519-534.

[55] Xiao X M , Zhang Q Y, Braswell B, et al.. Modeling gross primary production of temperate deciduous broadleaf forest using satellite images and climate data. Remote Sensing of Environment, 2004b, 91, 256-270.

[56] Yin Y H，Wu S H，Du Z. Radiation calibration of FAO 56 Penman-Monteith model to estimate reference crop evapotranspiration in China. Agricultural Water Management，2008，95(1)：77-84.

[57] Zhang Xueqin，Ren Yu，Yin Zhiyong，et al.. Spatial and temporal variation patterns of reference evapotranspiration across the Qinghai-Tibetan Plateau during 1971—2004. J. Geophys. Res.，2009，114，D15105，doi:10.1029/2009JD011753.

[58] Zhou H K，Zhao X Q，Tang Y H，et al.. Alpine grassland degradation and its control in the source region of Yangtze and Yellow Rivers，China. Japanese Society of Grassland Science，2005，51(3)：191-203.

[59] 《第二次气候变化国家评估报告》编写委员会 . 第二次气候变化国家评估报告 . 北京：科学出版社，2011：230-231.

[60] 白永飞，张丽霞，张焱，等 . 内蒙古锡林河流域草原群落植物功能群组成沿水热梯度变

化的样带研究．植物生态学报，2002, 26（3）：308-316.

[61] 边多，李春，杨秀海，等．藏西北高寒牧区草地退化现状与机理分析．自然资源学报，2008，23（2）：254-262.

[62] 曾明明．玛曲草地退化的成因及环境管理研究．兰州大学，2008: 34-35.

[63] 曾永年，冯兆东．黄河源区土地沙漠化时空变化遥感分析．地理学报，2007，62（5）：529-536.

[64] 陈国明．三江源地区“黑土滩”退化草地现状及治理对策．四川草原，2005（10）:37-44.

[65] 陈浩，赵志平．近30年来三江源自然保护区土地覆被变化分析．地球信息科学学报，2009，11（3）：390-399.

[66] 陈利军，刘高焕，冯险峰．运用遥感估算中国陆地植被净第一性生产力．植物学报，2001，43（11）：1191-1198.

[67] 陈琼，吴万贞，周强，等．基于GIS的三江源地区土壤侵蚀综合分析．安徽农业科学，2010，38（27）:14989-14991.

[68] 陈琼，周强，张海峰，等．三江源地区基于植被生长季的NDVI对气候因子响应的差异性研究．生态环境学报，2011，19（6）：1284-1289.

[69] 陈全功，梁天刚，卫亚星．青海省达日县退化草地研究II退化草地成因分析与评估．草业学报，1998b，7（4）: 44-48.

[70] 陈全功，卫亚星．青海省达日县退化草地研究I退化草地遥感调查．草业学报，1998a，7（2）: 58-63.

[71] 陈永富，刘华，邹文涛，等．三江源湿地变化驱动因子定量研究．林业科学研究，2012，25（5）: 545-550.

[72] 陈佐忠．我国天然草地生态系统的退化及其调控．北京：中国科学技术出版社，1990：86-88.

[73] 程杰，呼天明，程积民．黄土高原白羊草种群分布格局对水热梯度的响应．草地学报，2010，18（2）：167-171.

[74] 程曼，王让会，薛红喜，等．干旱对我国西北地区生态系统净初级生产力的影响．干旱区资源与环境，2012，26（6）：1-7.

[75] 崔庆虎，蒋志刚，刘季科，等．青藏高原草地退化原因述评．草业科学，2007，24（5）：20-26.

[76] 樊江文，邵全琴，刘纪远，等．1988—2005年三江源草地产草量变化动态分析．草地学报，2010，18（1）：5-10.

[77] 符淙斌，马柱国．全球变化与区域干旱化．大气科学，2008，32（4）：752-760.

[78] 谷源泽，李庆金，杨风栋，等．黄河源地区水文水资源及生态环境变化研究．海洋湖沼通报，2002（1）：18-25.

[79] 国务院．青海三江源自然保护区生态保护和建设总体规划．2005:1-54.

[80] 韩国栋，焦树英，毕力格图，等．短花针茅擦草原不同载畜率对植物多样性和草地生产力的影响．生态学报，2007，27(1):380-387.

[81] 韩艳莉，陈克龙，汪诗平．黄河源区高寒草地植被碳储量研究——以果洛藏族自治州为例．国土与自然资源研究，2010（5）：93-94.

[82] 郝璐，吴向东．内蒙古草地生产力时空变化及驱动因素分析．干旱区研究，2006，23（4）:874-880.

[83] 兰玉蓉．青藏高原高寒草甸草地退化现状及治理对策．青海草业，2004，13（1）:27-30.

[84] 李博．中国的草原．北京：科学出版社，1990: 234-235.

[85] 李博．中国北方草地退化及其防治对策．中国农业科学，1997，30（6）：1-9.

[86] 李刚，辛晓平，王道龙，等．改进 CASA 模型在内蒙古草地生产力估算中的应用．生态学杂志，2007，26（12））:2100-2106.

[87] 李贵才．基于 MODIS 数据和光能利用率模型的中国陆地净初级生产力估算研究．中国科学院研究生院，2004.

[88] 李红梅，李林，张金旭，等．21 世纪前中期三江源地区极端气候事件变化趋势分析．冰川冻土，2012，34（6）：1403-1408.

[89] 李辉霞，刘国华，傅伯杰．基于 NDVI 的三江源地区植被生长对气候变化和人类活动的相应研究．生态学报，2011，31（19）：5495-5504.

[90] 李辉霞，刘淑珍．基于 NDVI 的西藏自治区草地退化评价模型．山地学报，2003，21（增刊）：69-71.

[91] 李婧梅，蔡海，程茜，等．青海省三江源地区退化草地蒸散特征．草业学报，2012，21（3）：223-233.

[92] 李军玲，邹春辉，刘忠阳，等．河南省陆地植被净第一性生产力估算及其时空分布．草业科学，2011，28（10）：1839-1844.

[93] 李林，李凤霞，郭安红，等．近 43 年来“三江源”地区气候变化趋势及其突变分析．自然资源学报，2006，21（1）：79-85.

[94] 李林，李凤霞，朱西德，等．三江源地区极端气候事件演变事实及其成因探究．自然资源学报，2007，22（4）：656-663.

[95] 李林，朱西德，汪青春，等．三江源地区气候变化及其对生态环境的影响．气象，2004，30（8）：18-22.

[96] 李林芝，张德罡，辛晓平，等．呼伦贝尔草甸草原不同土壤水分梯度下羊草的光合特性．生态学报，2009，29（10）：5271-5279.

[97] 李青云，李建平，董全民，等．江河源头不同程度退化小嵩草高寒草甸草场的封育效果．草业科学，2006，23（12）：16-21.

[98] 李庆祥，刘小宁，张洪政，等．定点观测气候序列的均一性研究．气象科技，2003，31（1）：3-10.

[99] 李穗英，刘峰贵，马玉成，等．三江源地区草地退化现状及原因探讨．青海农林科技，2007，4：29-32.

[100] 李志昆．青海省高原草地生态系统退化的成因分析．养殖与饲料，2008，5：68-71.

[101] 联合国开发计划署，世界银行，世界资源研究所．世界资源报告（2000—2001）．北京：中国环境出版社，2000.

[102] 梁东营，林丽，李以康，等．三江源退化高寒草甸草毡表层剥蚀过程及发生机理的初步研究．草地学报，2010，18（1）：31-36.

[103] 刘纪远，布和敖斯尔．中国土地利用变化现代过程时空特征的研究——基于卫星遥感数据．

第四纪研究，2000，20（3）：231-232.

[104] 刘纪远，邓祥征 . LUCC 时空过程研究的方法进展 . 科学通报，2009，54（21）：3251-3258.

[105] 刘纪远，刘明亮，庄大方，等 . 中国近期土地利用变化的空间格局分析 . 中国科学 (D 辑)，2002，32（12）: 1033-1034.

[106] 刘纪远，徐新良，邵全琴 . 近 30 年来青海三江源地区草地退化的时空特征 . 地理学报，2008，63（4）：364-376.

[107] 刘纪远，张增祥，庄大方 . 中国土地利用变化的遥感时空信息研究 . 北京 ：科学出版社，2005.

[108] 刘林山 . 黄河源地区高寒草地退化研究 : 以达日县为例 . 中国科学院研究生院 , 2006.

[109] 刘荣高 , 刘纪远 , 庄大方 . 基于 MODIS 数据估算晴空陆地光合有效辐射 . 地理学报 , 2004，59（1）:64-74.

[110] 刘伟，周立，王溪 . 不同放牧强度对植物及啮齿动物作用的研究 . 生态学报，1999，19（3）：376-382.

[111] 芦清水，赵志平 . 应对草地退化的生态移民政策及牧户响应分析——基于黄河源区玛多县的牧户调查 . 地理研究，2009，28（1）：143-152.

[112] 芦清水 . 黄河源区草地退化胁迫下的牧民适应性行为研究——以玛多县牧户调查为例 . 中国科学院研究生院，2008.

[113] 马玉寿，郎百宁 . 建立草业系统恢复青藏高原“黑土型”退化草地 . 草业科学，1998，15（1）：5-9.

[114] 马柱国，任小波 . 1951—2006 年中国区域干旱化特征 . 气候变化研究进展，2007，3（4），195-201.

[115] 彭长辉，潘愉德 . 陆地植被第一性生产力及其地理分布 . 北京 ：高等教育出版社，施普林格出版社，2000.

[116] 钱拴，伏洋，PAN F F. 三江源地区生长季气候变化趋势及草地植被响应 . 中国科学 ：地球科学，2010，40（10）：1439-1445.

[117] 乔治 , 康蔼黎，哈西扎西多杰，等 . 西藏羌塘北部和青海可可西里地区冬季野生动物调查 . 兽类学报，2007，27（4）：309-316.

[118] 郄妍飞，颜长珍，宋翔，等 . 近 30 年黄河源地区荒漠遥感动态监测 . 中国沙漠，2008，28（3）:405-409.

[119] 青海果洛自治州人民政府网站，http://www.guoluo.gov.cn.

[120] 青海省三江源生态监测工作组 . 三江源区生态保护和建设工程生态成效中期评估报告（2005—2009）. 2010.

[121] 青海省统计局 . 青海统计年鉴（2002—2011 年）. 北京 ：中国统计出版社 .

[122] 任国玉，徐铭志，初子莹，等 . 近 54 年中国地面气温变化 . 气候与环境研究，2005，10（4）:717-727.

[123] 邵全琴，樊江文 . 三江源区生态系统综合监测与评估 . 北京 ：科学出版社，2012.

[124] 邵全琴，刘纪远，黄麟，等 . 2005—2009 年三江源自然保护区生态保护和建设工程生态成效综合评估 . 地理研究，2013，32（9）：1645-1656.

[125] 石凡涛，常琪，马仁萍．三江源地区高寒草甸不同退化草地植被群落结构及生产力分析．黑龙江畜牧兽医（科技版），2012，1，80-84.

[126] 孙海群，林冠军，李希来，等．三江源地区高寒草甸不同退化草地植被群落结构及生产力分析．黑龙江畜牧兽医（科技版），2013，10：1-3.

[127] 孙鸿烈．中国生态问题与对策．北京：科学出版社，2011.

[128] 孙建光，李保国，卢琦．青海共和盆地草地生产力模拟及其影响因素．资源科学．2005，27（4）:53-59.

[129] 孙睿，朱启疆．气候变化对中国陆地植被净第一性生产力影响的初步研究．遥感学报，2001，5（1）：58-61.

[130] 唐红玉，杨小丹，王希娟，等．三江源地区近50年降水变化分析．高原气象，2007，26（1）：47-54.

[131] 涂军，熊燕．青海高寒草甸草地退化的遥感技术调查分析．应用与环境生物学报，1999，5（2）：131-135.

[132] 汪诗平．青海省“三江源”地区植被退化原因及其保护策略．草业学报，2003，12（6）：1-9.

[133] 王根绪，李元寿，王一博，等．近40年来青藏高原典型高寒湿地系统的动态变化．地理学报，2007，62（5）：481-491.

[134] 王根绪，丁永建，王建，等．近15年来长江黄河源区的土地覆被变化．地理学报，2004，59（2）：163-173.

[135] 王根绪，李琪，程国栋，等．40年来江河源区的气候变化特征及其生态环境效应．冰川冻土，2001，23（4）：346-352.

[136] 王海．青海省三江源地区湿地退化现状与保护初议．安徽农业科学，2010，38（5）：2491-2492.

[137] 王景升，张宪洲，赵玉萍，等．羌塘高原高寒草地生态系统生产力动态．应用生态学报，2010，21（6）：1400-1404.

[138] 王菱，谢贤群，李运生，等．中国北方地区40年来湿润指数和气候干湿带界线的变化．地理研究，2004，23（1）：45-54.

[139] 王蕊，李虎．2001—2010年蒙古国MODIS-NDVI时空变化监测分析．地球信息科学学报，2011，13（5）：665-671.

[140] 王素慧，贾绍凤，吕爱锋．三江源地区植被盖度与居民点的关系研究．资源科学，2012，34（11）：2045-2050.

[141] 王维，王文杰，李俊生，等．基于归一化差值植被指数的极端干旱气象对西南地区生态系统影响遥感分析．环境科学研究，2010，23（12）：1447-1455.

[142] 王维芳，王琪，李国春，等．基于气象模型的黑龙江省植被净第一性生产力．东北林业大学学报，2009，37（4）：27-29.

[143] 王懿贤．高度对彭曼蒸发公式二因子 $\delta/(\delta+\gamma)$ 与 $\gamma/(\delta+\gamma)$ 的影响．气象学报，1981，39(4)：503-506.

[144] 王英，曹明奎，陶波，等．全球气候变化背景下中国降水量空间格局的变化特征．地理研究，2006，25（6）：1031-1040.

[145] 吴绍洪，尹云鹤，郑度，等．青藏高原近30年气候变化趋势．地理学报，2005，60（1）：3-11.

[146] 吴万贞，周强，于斌，等．三江源地区土壤侵蚀特点．山地学报，2009, 27（6）：683-687.

[147] 伍星，李辉霞，傅伯杰，等．三江源地区高寒草地不同退化程度土壤特征研究．中国草地学报，2013, 35（3）：77-84.

[148] 谢贤群，王菱．中国北方近 50 年潜在蒸发的变化．自然资源学报，2007，22（5）：683-691.

[149] 徐新良 , 刘纪远 , 邵全琴，等．30 年来青海三江源生态系统格局和空间结构动态变化．地理研究 , 2008, 27（4）: 829-838.

[150] 徐延达，徐翠，翟永烘，等．三江源地区冬虫夏草采挖对草地植被的影响．环境科学研究，2013, 26（11）：1194-1200.

[151] 许吟隆 , 张颖娴 , 林万涛，等．"三江源" 地区未来气候变化的模拟分析．气候与环境研究，2007，12（5）：667-675.

[152] 薛娴，郭坚，张芳，等．高寒草甸地区沙漠化发展过程及成因分析——以黄河源区玛多县为例．中国沙漠，2007，27（5）：725-732

[153] 严作良 , 周华坤 , 刘伟，等．江河源区草地退化状况及成因．中国草地学报，2003，25（1）: 73-78.

[154] 杨建平，丁永建，陈仁升．长江黄河源区高寒植被变化的 NDVI 记录．地理学报，2005，60(3):467-478.

[155] 杨建平，丁永建，陈仁生，等．长江黄河源区多年冻土变化及其生态环境效应．山地学报，2004，22（3）：278-285.

[156] 杨建平，丁永建，刘时银，等．长江黄河源区冰川变化及其对河川径流的影响．自然资源学报，2003，18（5）：595-602.

[157] 杨建平，丁永建，叶柏生，等．长江源区小冬克玛底冰川区积雪消融特征及其对气候的响应．冰川冻土，2007，29（2）：258-264.

[158] 杨磊．应用 MODIS 数据估算晴空陆地光合有效辐射（PAR）．吉林大学，2005.

[159] 尹云鹤，吴绍洪，郑度，等．近 30 年我国干湿状况变化的区域差异．科学通报，2005，50（15）：1636-1642.

[160] 俞联平 , 李发第 , 李新媛，等．基于 3s 技术的甘肃省甘州区荒漠草地生产力评价．草原与草坪，2008. 130（5）:72-76.

[161] 张芳．青海省黄南州冬春草地生产力动态分析．草业与畜牧，2008，147:13-16.

[162] 张宏斌，杨桂霞，吴文斌，等．呼伦贝尔草原 MODIS NDVI 的时空变化特征．应用生态学报，2009，20（11）：2743-2749.

[163] 张静，李希来，王金山，等．三江源地区不同退化程度草地群落结构特征的变化．湖北农业科学，2009, 49（9）：2125-2129.

[164] 张士锋，华东，孟秀敬，等．三江源气候变化及其对径流的驱动分析．地理学报，2011，66（1）：13-24.

[165] 张宪洲．我国自然植被净第一性生产力的估算与分布．自然资源，1993，18（1）：15-21.

[166] 张新时．草地的气候制备关系及其优化生态生产范式．中国草地的经济效益．北京：中国高等科学技术中心，2000.

[167] 张镱锂，刘林山，摆万奇，等．黄河源地区草地退化空间特征．地理学报，2006，61（1）:

3-14.

[168] 赵成章，贾亮红．黄河源区退牧还草工程生态绩效与问题．兰州大学学报（自然科学版），2009，45（1）：37-41.

[169] 赵峰，刘华，鞠洪波，等．三江源典型区湿地景观稳定性与转移过程分析．北京林业大学学报，2012, 34（5）：69-74.

[170] 赵新全，周华坤．三江源地区生态环境退化、恢复治理及其可持续发展．中国科学院院刊，2005, 20（6）：471-476.

[171] 赵新全．三江源地区退化草地生态系统恢复与可持续管理．北京：科学出版社，2011.

[172] 中华人民共和国国家质量监督检验检疫总局．中华人民共和国国家标准：天然草地退化、沙化、盐渍化的分机指标．北京：中国标准出版社，2004.

[173] 中华人民共和国农业行业标准 NY/T 635—2002：天然草地合理载畜量的计算．中华人民共和国农业部发布，2002.

[174] 钟诚，何晓蓉，李辉霞．遥感技术在西藏那曲地区草地退化评价中的应用．遥感技术与应用，2003，18（2）：99-102.

[175] 周广胜，张新时．全球气候变化的中国自然植被的净第一性生产力研究．植物生态学报，1996，20（1）：11-19.

[176] 周广胜，张新时．自然植被净第一性生产力模型初探．植物生态学报，1995，19（3）：193-200.

[177] 周广胜，郑元润，陈四清，等．自然植被净第一性生产力模型及其应用．林业科学，1998，34（5）：1-11.

[178] 周华坤，赵新全，周立，等．层次分析法在江河源区高寒草地退化研究中的应用．资源科学，2005a，27（4）：63-70.

[179] 周华坤，赵新全，周立，等．青藏高原高寒草甸的植被退化与土壤退化特征研究．草业学报，2005b，14（3）：31-40.

[180] 周伟，钟祥浩．自然保护区外野生动物的管理——以藏北羌塘自然保护区为例．生态学杂志，2006，25（7）：800-804.

[181] 周兴民．中国嵩草草甸．北京：科学出版社，2001.

[182] 周雪荣，郭正刚，郭兴华．高原鼠兔和高原鼢鼠在高寒草甸中的作用．草业科学，2010，27（5）：38-44.

[183] 朱宝文，侯俊岭，严德行，等．草甸化草原优势牧草冷地早熟禾生长发育对气候变化的响应．生态学杂志，2012，31（6）：1525-1532.

[184] 朱会义，李秀彬，何书金，等．环渤海地区土地利用的时空变化分析．地理学报，2001，56（3）：253-260.

[185] 朱会义，李秀彬．关于区域土地利用变化指数模型方法的讨论．地理学报，2003，58（5）：643-650.